과학사의 뒷얘기 3

생물학·의학

A. 셧클리프 · A. P. D. 셧클리프 지음
이병훈 · 박택규 옮김

전파과학사

머리말

저자 중 한 사람은 젊어서 케임브리지에서 과학교사로 있을 때 과학과 기술의 역사로부터 이상한 사건이나 뜻밖의 발견을 한 이야기를 모아보려고 결심했다. 이런 이야기를 모으면 수업의 내용이 풍부해질 것이고 학생들도 재미있어할 것이라 생각했기 때문이다.

이리하여 틈나는 대로 이야기를 모으는 즐거움이 시작되어 그로부터 44년 동안 즐겁게 계속되었다. 이렇게 모은 이야기가 다른 사람들에게도 마찬가지로 즐거움을 줄 것을 바라면서 아들의 도움을 받아 출판 준비를 진행했다.

이런 정보를 모으기 위해서는 여러 가지 종류와 형태의 자료를 참조해야 했다. 저서를 이용하도록 허락해 준 여러 저자에게 감사의 뜻을 표하고 싶다.

삽화는 이 책에 흥미를 더해주는데 로버트 한트의 노작이다. 친절한 데다 정확성과 예술가로서의 기술을 결합해주었다.

많은 자료를 번역해준 G. H. 프랭클린, 타자 원고를 읽어 준 L. R. 미들턴, J. 해릿, A. H. 브리그스 박사, R. D. 헤이 박사, M. 리프먼 등 많은 동료와 친구들에게 감사의 인사를 드리는 바이다.

또한 R. A. 얀의 건설적인 비평은 특히 참고되었다. 인쇄 직전단계에서는 케임브리지 출판부의 많은 이들로부터 유익한 시사(示唆)와 정정(訂正)을 받았다.

A. 셧클리프 · A. P. D. 셧클리프

차례

10

1. 마취의 시작

19세기까지는 외과수술이 지금보다 더 고통스러웠다. 환자의 의식을 잃게 하고 '잠들게 하는' 물질이 하나도 알려지지 않았기 때문이다. 아픔을 없애기 위해서 인도산 대마나 아편과 같은 소수의 마시는 약이 쓰였고 때로는 환자에게 알코올음료(럼*이나 브랜디와 같은 종류)를 많이 마시게 하는 경우도 있었다. 다량의 알코올음료를 마시고 환자는 반쯤 취해서 곯아떨어지고 혼수상태에 빠지기도 했다. 그러나 환자가 안전히 의식을 잃어버리지는 않았으므로 수술을 하는 동안 완력이 센 남자들이 환자를 꼼짝 못 하게 붙잡고 있는 것이 상례였다. 고통이 매우 심해서 이 쇼크로 죽는 환자도 많았다.

오늘날에는 마취제(麻醉劑)라 불리는 물질이 많다. 이것을 사용하면 환자는 아주 깊은 「잠」에 빠지고 수술이 진행되는 동안 아픔이나 그 밖의 아무것도 느끼지 못한다. 일부 마취제가 인간에게 효과가 있다는 것은 아주 우연한 기회에 발견되었다.

데이비, 소기의 마취작용을 발견

18세기 말경에 이르러 여러 가지 새로운 기체가 발견되었다. 이 기체의 성질을 연구하는 과정에서 과학자들은 기체가 인간에게 어떤 효과를 미치지 않을까 생각했다. 1798년, 여러 가지 기체에 대한 환자의 반응을 조사하는 연구소(Pneumatic Institute)가 브리스틀(Bristol)에 설립되었고, 이윽고 많은 사람이 이 연구

---

* 역자 주: 당밀 또는 사탕수수의 찌꺼기를 발효시켜 증류한 강한 술. 서인도제도의 특산

소에서 새로운 「약용공기」에 의한 치료를 받을 수 있게 되었다.

이 연구소의 초대소장은 험프리 데이비(Humphrey Davy, 1778~1829)라는 청년으로, 그는 나중에 영국의 지도적 과학자가 되었다. 데이비는 특히 「소기(笑氣, Laughing Gas)」*라 불리는 아산화질소(N_2O)에 흥미를 느꼈다. 이 가스는 지금도 치과 의사가 이를 뽑을 때 환자에게 마시게 하는 일이 있다. 데이비는 소기를 조금 만든 다음 자기가 마셔보기도 했다. 이 경위는 다음과 같이 기록되어 있다.

그는 가스를 명주로 만든 자루에 넣고 미리 콧구멍을 막거나 폐 속을 텅 비게 하지 않고 3쿼터(Quart, 3.42L)를 30초 이상 마셨다. 처음에는 현기증이 났으나 점점 모든 감각을 잃고 흡사 술에 취하기 시작하는 단계에 다다른 것 같았다. 나중에 그는 이 가스를 더 오랫동안 마셨다. 이번에는 웃고 싶은 기분이 되고 빛나는 점이 눈 앞을 빙빙 돌며 지나가는 것처럼 보였다. 매우 기분이 좋았다. 곧 그는 의식을 잃어버리고 실로 즐거운 생각이 떠올랐다. 신기하게 연결되고 변하는 관념의 세계 속으로 빠졌다.**

이 연구소의 창시자 베도스(Thomas Beddoes, 1760~1808) 박사는 이 가스의 효과를 여성에게 실험해 보기로 했다.

그는 용기 있는 어떤 젊은 부인 한 사람을 설득해서 아름다운 녹색의 자루 속에 든 이 웃기는 아산화질소를 마시도록 했다. 모두 깜짝 놀라지 않을 수 없었는데, 이 젊은 부인은 가스를 두세 번 마시자 방에서 뛰쳐나갔고 다시 집 밖으로 뛰어나갔다. 호프스퀘어

---

* 역자 주: 이 기체를 마시면 안면근육이 경련을 일으킨다.
** 데이비, 「험프리 데이비 경의 생애에 관한 회고」, J. Davy, Memoirs of the Life of Sir. H. Davy, 1893

(Hope Square)로 달려가는 부인을 가장 빠른 사람이 무섭게 뒤쫓아 가서 붙잡았으므로 아름다운 도망자라기보다 차라리 일시적인 미치광이라고 해도 무방한 부인은 그 이상의 피해 없이 보호되었다.*

소기를 마시는 사람들

이 가스를 마시면 퍽 즐거운 기분이 된다는 소문이 곧 널리 퍼져서 많은 사람이 연구소를 찾아왔다. 이 가운데 두 사람이 자신의 체험을 적고 있다.

이 두 사람은 모두 당시, 20대의 젊은이였으나 뒤에 문학계에서 명성을 얻었다. 한 사람은 철학자이며 시인인 콜리지(Samuel Taylor Coleridge, 1772~1834)이고 또 한 사람은 나중에 계관시인(桂冠詩人)이 된 로버트 사우디(Robert Southey, 1774~1843)였다.

콜리지는 가스를 마셨을 때의 체험을 다음과 같이 쓰고 있다.

내가 처음 아산화질소를 마셨을 때 전신이 따뜻하고 매우 기분 좋은 느낌이 들었다. 전에 눈 속을 산책하고 돌아와서 더운 방 안으로 들어갔을 때 느꼈던 것과 비슷했다. 내가 하고 싶은 동작은 오직 한 가지, 나를 보고 있는 사람들에게 웃어주는 일뿐이었다.

사우디는 이 「약용공기」를 마셔본 뒤 동생에게 다음과 같은 열광적인 편지를 썼다.

오, 톰! 데이비가 그 가스를 발견했어. 산화 뭐라고 하는 가스란다. 오, 톰! 나는 그것을 마셔보았지. 마시자마자 웃고 싶어졌고 손

---

* 코틀, 「콜리지와 사우디의 회사」, J. Cottle, Reminiscences of S. T. Coleridge and R. Southey, 1847

소기는 수다스러운 부인의 버릇을 고친다

가락 발가락이 짜릿짜릿했단다. 데이비는 정말 새로운 즐거움을 발
견한 거야. 이 즐거움을 뭐라고 하면 좋을까, 말로는 표현할 수조차
없다. 오, 톰! 나는 오늘 밤 다시 마실 작정이야. 그것을 사람을 강
하고 행복하게 한다. 정말 눈부실 정도로 행복하게 한다. 톰! 천상
의 공기인지 뭔지 하는 것도 이 신기한 작용을 하는 기쁨과 같은
것이 아니겠니.*

　가스와 데이비 자신에 대한 소문은 런던에 널리 퍼져서 그는
1800년 신설된 왕립연구소(Royal Institution) 강사로 임명되었
다. 이 연구소에서는 일반인을 상대로 하는 과학강연이 있었는
데, 그는 이때 이 새로운 가스의 성질을 설명하고 청중 가운데

---

* 아우디, 「사우디의 생애와 편지」, C. C. Southey, The Life and
Correspondence of R. Southey, 1849

몇 사람에게 이 가스를 마시게 했다. 이 강연의 특별한 내용은
대단한 인기를 끌었다.

다른 강사들은 가스의 성질을 실제로 알게 하려고 가스를 채
운 얼음주머니를 교실에 있는 학생들에게 차례차례 돌려서 실
험시켰다. 이때 어떤 일이 일어났는지를 한 학생이 적고 있다.

얼마 동안 우리가 있던 강당의 침묵을 깨뜨리는 것이라곤 가스를
마시는 사람들의 깊은 숨소리뿐이었다. 모든 사람은 극도의 행복감
을 맛보고 있는 것처럼 보였다. 아무리 마셔도 모자라란다는 듯 되
풀이해서 마시는 것이었다. 커다란 방안에 가득한 사람들이 각기 얼
음주머니에 코를 대고 마시는 광경은 정말 참을 수 없을 만큼 우스
워서 이것만으로도 나는 배를 움켜잡고 웃어버렸다.* 드디어 그들
은 황홀경에 들어갔다. 어떤 사람은 얼음주머니를 갑자기 밀어젖히
고 자신이 우스꽝스러운 모습을 하는 것도 알아채지 못한 채 숨을
헐떡였다. 그들은 입을 멍청히 벌리고 여전히 코를 꼭 잡고 있었다.
어떤 사람은 테이블이나 의자 위에 뛰어오르고 어떤 사람은 쉴 새
없이 지껄였다. 또 어떤 사람은 마구 싸움을 걸기도 했고, 어느 젊
은 신사는 부인들에게 키스하려고 치근거리기도 했다. 이 사나이는
가스를 거의 마시지 않았고 자기가 하는 짓을 뻔히 알고 있으면서
그랬다는 뒷얘기도 있었다. 몇 분 지나니 미치광이들은 제정신으로
되돌아갔다.**

---

* 이것은 크룩섕크(George Cruikshank, 1792~1878)의 만화 『소기는
수다스러운 마누라의 버릇을 고친다』의 주제가 되었다. 그 일부가 그림에
재현되고 있다.
** 스코턴, 「신비 아닌 화학」, J. Scothern, Chemistry No Mystery,
1839

이 빼는 데 마취제를 사용

오랫동안 소기는 신기한 화학물질로서 장난 또는 「난장판 파티」에 쓰이는 정도였다. 이 파티는 영국에서 매우 인기를 끌었다. 많은 손님은 가스를 마시고 아주 명랑해져서 유쾌한 기분으로 여러 가지 엉뚱한 일을 저질렀다. 결국에는 난장판이 벌어져 세간의 빈축을 사는 일도 많았다. 미국에서도 같은 파티가 벌어졌다.

그중 한 파티에 코네티컷(Connecticut)의 치과의사 호레이스 웰즈(Horace Wells, 1815~1848)가 참석했다. 그는 소기를 마신 한 젊은이가 벤치에 발이 걸려 넘어져 정강이가 까진 것을 보았다. 그러나 그 젊은이는 자기가 다친 것을 조금도 느끼지 못하는 것 같았다. 웰즈는 이를 뺄 때 환자에게 미리 이 가스를 마시게 하면 아픔을 느끼지 않으리라 생각했다. 그리하여 그는 이 생각을 시험해보기로 했다. 다른 사람에게 가스를 사용하는 대신 우선 스스로 「환자」가 되었다. 가스의 영향으로 마취되는 동안에 그는 아주 건강한 이 한 개를 뽑았다. 아픔을 전혀 느끼지 못했다. 그는 훗날 「바늘로 찔린 정도의 아픔도 느끼지 못했다」라고 말했다.

이 무통 발치법(無痛拔齒法)의 뉴스가 퍼져서 웰즈는 어느 반 학생들 앞에서 시범 실험을 할 수 있는 기회를 갖게 되었다. 불행하게도 이때 환자에게 마시게 한 가스는 너무 약했다. 환자는 이를 빼기 전에 마취에서 깨어나 아프다고 아우성치며 울부짖었다. 청중들 가운데는 그것을 일부러 장난하는 것으로 지레 넘겨짚고 크게 웃어버린 사람도 있었다고 한다. 웰즈에게는 사기꾼 의사라는 딱지가 붙었다.*

그러나 이 시범 실험은 좋은 결과를 가져왔다. 그 자리에 참
석했던 모튼(William thomas Green Morton, 1819~1868)이라는
치과의사는 소기 대신 에테르(Ether)를 사용할 것을 생각해내
고, 1846년에 이것을 환자에게 마시게 해서 아프지 않게 이를
뺄 수 있었다.

이 소식은 삽시간에 퍼졌고 곧 에테르는 이를 뺄 때만이 아
니라 미국의 외과 의사가 손발을 자르는 따위의 큰 수술을 할
때도 쓰이게 되었다.

클로로폼의 마취작용이 발견되다

그 뒤 얼마 안 가서 런던의 외과 의사 몇 사람이 에테르를
사용하기 시작했고 그중 한 사람이 집도한 수술이 소문으로 파
다하게 났다. 이 소문을 듣고 에든버러(Edinburgh) 외과 의사
심프슨(Sir. James Young Simpson, 1811~1870) 교수는 새 기
술을 보려고 런던으로 찾아왔다. 그는 깊은 감명을 받고 곧 분
만의 고통을 없애는 데 에테르가 쓰일 수 있을지를 생각했다.
그러나 에테르에는 불쾌한 부작용이 있으므로 그 대용품을 찾
았다. 뒤에 그는 다음과 같이 적고 있다.

> 작년 1월에 처음으로 에테르 흡기가 잘 되는 것을 눈으로 직접 본
> 다음부터 나는 언젠가는 다른 약제도 쓰이리라는 확신을 얻었다.*

그리하여 그는 여러 가지 다른 물질을 시험했다. 낮의 일이
끝나면 저녁에는 그의 동료들을 자택으로 초대해서 그들에게

---

* 캠벨, 「의학사지」, J. M. Campbell, Journal of the History of
Medicine, 1954
* 「옥스퍼드 의과대학 신문」, Oxford Medical School Gazette, 1955

실험했다. 그는 언제나 실험하고 싶은 액체를 한 숟가락만 컵에 넣고 이 컵을 놋대야 속의 뜨거운 물에 담갔다. 열로 인해 액체는 증기로 변해서 올라갔다. 심프슨과 동료들은 제각기 몸에 생기는 효과에 주의하면서 증기를 천천히 그리고 신중하게 마셨다.

1847년 11월 어느 날, 다음과 같은 사건이 일어났다.

어느 날 밤늦게 (중략) 일과를 끝내고 지쳐서 집에 돌아온 심프슨 박사와 그의 친구이자 조수인 키드 박사(Dr. Keith), 덩컨 박사 (William Henry Duncan, 1805~1863)는 심프슨 박사의 거실에 앉아서 위험한 연구를 시작했다. 그들은 이미 많은 물질을 마셔 보았으나 별로 효과가 없었다. 이때 심프슨은 클로로폼(Chloroform)이라는 무거운 액체를 시험해 보려고 생각했다.

이 액체는 1831년에 발견되었으나 그 뒤 오랫동안 아무 용도에도 쓰이지 않고 있었다. 심프슨은 몇 개의 컵에 클로로폼을 조금씩 붓고 동료들에게 컵 가까이에 코를 대고 증기를 마시라고 부탁했다.

그들은 곧 보통 때 느끼지 못했던 유쾌한 기분으로 빠져들었다. 그들의 눈은 빛났고 매우 행복한 듯 또 수다스러워지고 말끝마다 이 새로운 액체의 향긋한 향기를 칭찬했다. 대화는 이상하리만큼 지성에 넘쳤고 이 대화를 듣고 있던 사람은 가족 중 몇몇 여성들과 심프슨의 처남인 해군사관뿐이었다. 그러나 그들은 갑자기 덜커덕하는 소리를 느꼈다. 소리는 점점 커졌다. 그 뒤 갑자기 모두 조용해졌다. 이어서 탕하는 소리와 함께 그들은 모두 바닥에 넘어졌다.

심프슨 박사는 이렇게 말하고 있다. '눈을 떴을 때 먼저 머리

이날 밤, 클로로폼의 마취작용이 발견되었다

에 떠오른 것은 이 가스가 에테르보다 훨씬 강하고 또 좋다는 것이었다.' 그다음 그는 자기가 바닥에 엎드려 자고 있었다는 것을 알았다. 친구들이 주위에 쓰러져 있는 것을 보고 그는 깜짝 놀라 어쩔 줄 몰라 했다.

그가 소리를 듣고 둘러보았더니 덩컨 박사는 위자 밑에서 입을 헤 벌리고 눈을 부릅뜨고 머리를 축 늘어뜨린 채 전혀 의식이 없었고 엄청나게 큰 소리로 코를 골고 있었다. 또 다른 소리가 들리고 무언가 움직이고 있는 기색이 있어 돌아보니 키드 박사가 발로 저녁밥을 차려놓은 테이블을 걷어차 그 위에 있던 것을 모두 뒤엎으려 하는 것이 보였다.

세 의사는 완전히 회복된 다음 자신들의 체험을 각자 이야기했다. 누군가가 이 물질을 마취제로 사용하면 좋겠다고 말했고 더 자세히 시험하기 위해서 몇 번이고 마셔보자는데 의견의 일치를 보았다. 이번에는 부인 중에서도 한 사람이 가세해서 테이블에 앉았다. 그들은 한 사람씩 차례로 가스를 마셨는데 준비한 클로로폼이 없어질 때까지 계속 마셨다.

그날 밤 법석이 끝난 것은 밤 깊은 새벽 3시였다. 그러나 이 시간의 나머지 반을 클로로폼을 마시는 데 소비한 것은 아니다. 왜냐하면 얼마 준비하지 못한 클로로폼의 재고가 곧 다 떨어졌으므로 이것을 더 잘 만드는 방법을 알아내려고 책을 부지런히 뒤적였기 때문이다.*

무통분만법의 탄생

이 실험을 통해 클로로폼은 안전하고 적당한 마취제라는 확신을 가졌으므로 심프슨 박사는 에든버러 왕립병원에서 이것을 실험하기로 했다. 1847년 11월 어느 날, 세 개의 작은 수술을 하기로 했다. 클로로폼으로 마취시키기로 한 최초의 환자는 하일랜드(Highland)에 사는 네다섯 살 된 소년으로 팔에서 썩은 뼈를 잘라내지 않으면 안 되었다.

마취는 클로로폼을 조금 손수건에 묻혀서 소년의 얼굴에 간단한 방법으로 했다. 이 마취제는 그 소년이나 또 이날 수술을 받은 다른 두 환자의 경우에도 커다란 성공을 거두었다.

그 뒤 얼마 안 가서 심프슨 박사는 분만의 고통을 덜기 위하여 클로로폼을 사용해 보기로 했다. 최초의 환자는 그의 친구인

---

* 밀러, 「클로로폼에 관한 외과적 경험」, J. Miller, Surgical Experiences of Chloroform, 1848

의사의 딸이었다. 클로로폼을 사용해서 「반마취상태」로 분만하는 방법은 커다란 성공을 거두었으므로 그녀의 어머니는 이 무통분만법을 기념해서 어린애에게 「애니스디지아*(Anesthesia, 마취)라는 이름을 지어 주었다고 한다. 이것이 사실인지 거짓인지는 알 수 없으나 어쨌든 이 출산은 클로로폼을 사용하는 무통분만법을 확립하는 데 크게 공헌했다. 이로부터 열하루도 채 지나지 않은 사이에 심프슨은 50여 회의 분만에 이것을 이용했다.

클로로폼을 마취제로 사용하는 것은 많은 비판의 표적이 되었다. 의학에 종사하는 사람들뿐 아니라 마취제를 사용하는 것, 특히 분만의 고통을 없애기 위해서 그렇게 하는 것은 성서에 위반된다고 생각하는 사람들이 맹렬히 비난했다. 당시 많은 사람은 신은 인간이 때에 따라서는 고통을 받도록 의도했을 것이며, 그렇지 않다면 신은 우리들을 지금과는 다른 것으로 만들었을 것이라고 믿고 있었다. 「네가 수고하고 자식을 낳을 것이며……」 라는 구절을 중심으로 한 「최초의 저주」에 관한 창세기 3장으로부터의 인용이 반대론의 주요한 근거가 되었다. 그러나 심프슨 박사 측도 역시 성서를 인용해서 클로로폼의 사용을 뒷받침했다.

어떤 종교적 근거에서 단지 약한 인성을 육체의 고통이라는 불행이나 고문으로부터 구하기 위해서 인공, 즉 마취에 의한 무의식 상태를 일으킬 수는 없다고 역설하는 사람들은 우리의 눈앞에 가장

---

* 어떤 저술가는 이것을 부정하고 그 어린이는 '빌헬미나(Wilhelmina)'라고 이름 지었다고 했다. 왜 꾸며낸 이야기가 사실로 변장했는지를 다음과 같이 설명하고 있다. 심프슨은 빌헬미나가 17세가 되었을 때의 사진을 보았는데 그녀가 '기도하는 것과 비슷한 자세'를 취하고 있으므로 「야, 이건 성 애니스디지아가 아닌가」 라고 소리쳤다.

위대한 실례가 놓여 있다는 것을 잊고 있다. 나는 인간에게 베풀어진 최초의 외과수술이 준비와 자세한 내용을 묘사한 저 특이한 기술에 관해 말하고 있다. 그것은 창세기 2장 21절에 적혀 있다.

'여호와 하나님이 아담을 깊이 잠들게 하시니 잠들매 그가 그 갈빗대 하늘 취하고 살로 대신 채우시고……'*

빅토리아 여왕과 무통분만법

1853년, 영국에서 가장 신분이 높은 빅토리아(Victoria, 1819~1901) 여왕이 레오폴드 왕자(Prince Leopold)를 낳을 때 클로로폼을 썼다. 유명한 스노우 박사(Dr. John Snow, 1813~1885)는 이 액체를 손수건에 몇 방울 떨어뜨려서 여왕의 코 가까이 댔다. 그는 일정한 간격을 두고 이것을 한 시간 가까이 되풀이했다.

여왕의 주치의 제임스 클라크 경(Sir. James Clarke)은 뒤에 심프슨에게 이렇게 써 보냈다.

여왕은 먼젓번 출산할 때 클로로폼을 썼다. 그것은 놀라운 작용을 나타내서 여왕이 의식을 잃을 만큼 세게 주어진 적은 한 번도 없었다. 전하는 이 효과를 매우 기뻐했다. 그것을 사용하지 않았더라면 이토록 빨리 회복되지 않았을 것은 틀림없다.

1857년 4월 14일, 여왕은 베아트리체(Beatrice) 왕녀를 낳을 때 다시 클로로폼을 사용했다. 클로로폼은 「또다시 자비로운 효능을 보여서 여왕은 만족의 뜻을 표명했다.」

---

* 던스, 「제임스 심프슨 경의 회고록」, J. Duns, Memoirs of Sir James Y. Simpson, 1873

많은 부인이 충실하게 여왕이 한 대로 따랐으므로 클로로폼을 사용하는 분만법은 급속히 퍼졌다. 스노우 박사의 봉사는 아주 인기가 있었다. 그는 한 환자에 관해서 이러한 재미있는 이야기를 하고 있다. 그녀는 흥분해 있는 동안 매우 수다스러워져서 여왕이 클로로폼을 마시고 있는 동안 무슨 말을 했는지 이야기해 주지 않으면 그 이상한 증기를 마시지 않겠다고 버텼다. 의사는 대답했다.

전하는 여왕이 지금의 당신보다 훨씬 오랫동안 마실 때까지는 아무 질문도 하지 않았습니다. 당신도 여왕을 본받아서 더 많이 마시십시오. 그러면 나는 무엇이건 이야기하리다.

여왕에게 했던 대로 마취시켰더니 「환자는 몇 초 후에 여왕이고 귀족이고 평민이고 다 잊어버렸다.」 그러나 그녀가 의식을 회복했을 때 스노우 박사는 그녀가 알고 싶은 호기심으로 혓바닥이 근질근질한 것을 모르는 체하고 집으로 돌아와 버렸다.[*]

심프슨은 자기가 클로로폼의 효과를 실험해 본 것은 다른 액체와 별로 다를 바 없고 무엇이 일어나는지를 알려고 했기 때문이며 거의 우연한 일이었다고 적고 있다. 데이비드 왈디(David Waldie)라는 화학자가 그에게 클로로폼에 마취성이 있을지도 모른다고 암시했다고도 한다. 실제로 그보다 먼저 누군가 다른 사람이 클로로폼을 동물이 아닌, 사람에게까지 마시게 해보았다는 것은 충분히 있을 수 있는 일이다. 심프슨 박사의 공적은 식당에서의 실험이나 아일랜드의 소년에게 했던 모험적인 수술에만 있는 것은 아니다. 오히려 클로로폼의 사용을 반

---

[*] 「스노우, 콜레라」, J. Snow, Cholera, 1936

대하는 갖가지 분야의 많은 사람과 적극적으로 대항한 데 있다. 이 점에서 그는 큰 성공을 거두었다. 그러므로 그가 클로로폼의 사용을 추진하는 싸움에서 승리를 거두기 위한 원동력이었다는 것은 의심할 여지가 없다.

2. 어느 유명한 외과 의사와 악명 높은 국왕

마취제가 쓰이게 된 덕택에 외과수술의 방법은 크게 달라졌다. 오늘날에는 수술하는 동안 환자가 아픔을 느끼지 않고 수술을 받을 수 있을 뿐만 아니라 의사는 복잡한 작업을 끝까지 해낼 수 있을 만한 충분한 여유를 가질 수 있다.

다음 페이지의 그림은 마취가 쓰이기 전의 절단 수술을 보여주고 있다. 한 남자가 환자의 어깨를 누르고 있고 또 한 사람은 다리를 꼼짝 못 하게 잡고 있다. 다리는 「수술대」 위에 묶여 있다. 의사는 톱을 써서 서둘러 일을 해야했다. 앞쪽에 보이는 것은 인두로서 불로 뜨겁게 달군 후 절단한 자리를 지져 혈관을 막고 피가 흐르는 것을 멎게 하는 데 사용되었다.

전쟁터에서는 절단 수술을 자주 해야 했다. 그것도 수송력이 충분치 못했기 때문에 바로 그 자리에서 해야 할 경우가 많았다. 중세의 의술은 거칠고 암시변통에 불과했다. 총상(銃傷)의 처치법은 아직 충분히 연구되지 못했다. 탄환은 총신을 튀어나올 때 몹시 뜨겁기 때문에 이것에 맞으면 근육은 큰 화상을 입는다고 믿고 있었다. 또한 상처에 화약이 들어가면 독작용을 일으킨다고 믿었다. 그래서 먼저 쐐기를 박아서 상처를 벌린 다음 끓인 기름을 흘려 넣는 것이 보통 하는 방법이었다. 이것으로 혈액 중독이 방지되고 상처의 살이 기름으로 덮여 외부 공기에 접촉되지 않도록 했다.

당시의 군대는 병사의 부상에 대처할 준비를 거의 하지 않았다. 친절한 의사나 외과 의사가 전쟁터까지 가서 상처 입은 병사로부터 돈을 받고 치료를 해줄 뿐이었다.

파레는 상처의 치료에 찬 기름을 쓰다

프랑스 사람 앙브루아즈 파레(Ambroise Pare, 1510~1590)는 1537년에 의사 자격을 땄다. 그 무렵 프랑스는 이탈리아 토리노(Torino) 시와 전쟁을 하고 있었다. 파레는 군대를 따라 토리노 점령 때 그곳에 들어갔다. 프랑스군은 승리에 들떠 시내로 몰려 들어가 약탈에 열중했다. 파레는 이 전투의 양상을 기술하였는데 여기에는 당시 부상자를 어떻게 취급하였는지가 생생하게 묘사되어 있다. 그날 밤 파레와 몇몇 병사들이 마구간을 찾아내서 말을 매어 놓으려고 안으로 들어갔는데 그 속에는 전

사자 네 명과 중상을 입은 병사 세 명이 있었다.

내가 불쌍한 눈초리로 그들을 보고 있으니까 나이 많은 병사가 가까이 와서 그들을 치료할 방법이 없겠느냐고 물었다. 나는 '없소'라고 대답했다. 그랬더니 노병는 중상병 쪽으로 가서 이들을 죽였다. 나는 그에게 '당신은 나쁜 사람이요'라고 말했더니 그는 이렇게 대답했다. '만일 자기가 그와 같은 곤란에 처해 있다면 언제까지나 괴로워하지 않도록, 누군가가 같은 일을 해달라고 신에게 기도할 것'이라고.*

이 전투는 처절했고 많은 부상자를 냈다. 파레는 배운 대로 처치했다. 즉 상처를 쐐기와 클립(Clip)으로 벌리고 거기에 끓인 기름에 당밀을 섞은 것을 흘려 넣었다. 그러나 부상자가 너무 많았기 때문에 부상병을 다 치료하기 전에 준비해온 끓인 기름이 동이 나고 말았다. 그래서 자기가 충분한 준비도 하지 않고 전쟁터에 왔다는 것을 병사들이 눈치채지 못하게 하려고 소화불량에 쓰이는 혼합물을 사용했다. 그것을 달걀의 노른자, 장미 기름, 텔레핀 기름을 섞어서 만든 것이었다. 파레는 이것을 끓이지 않고 그대로 상처에 발랐다.

후에 파레는 이 체험을 다음과 같이 쓰고 있다.

그날 밤 나는 편히 잠을 잘 수가 없었다. 끓인 기름을 쓰지 않았던 부상자들이 상처의 독으로 죽어 버리지 않을까 하고 걱정이 되어 무서웠다. 다음 날 아침 일찍 일어나 이들을 살펴보았다. 그러나 예상과는 달리 내가 약을 발라준 사람들은 거의 고통을 느끼지 않았고 상처가 부어오르지도 않고 곪지도 않았으며 그날 밤 제법 잠을 잘 수도 있었다는 것을 알았다.**

---

* 파레, 「전집」, A. Paré Oeuvres compltes, 1840-1

끓인 기름을 사용한 다른 부상자들은 열이 나고 몹시 아픔을 느꼈으며 상처의 가장자리가 부어 있었다. 그래서 나는 이제부터는 총상을 받아 참혹하리만큼 가련한 처지에 있는 사람들에게 화상을 입게 하는 일은 절대 하지 않겠다고 결심했다.*

혈관결찰법을 발견

이렇게 해서 파레는 전쟁터에서 우연히 바른 찬 기름이 끓인 기름보다 훨씬 나은 것을 발견하였다. 그는 이 전쟁이 끝나자마자 곧 한 유명한 외과 의사를 찾아가서 그를 설득하여 새로운 찬 고약의 비밀처방을 배웠다.

그는 나에게 강아지 두 마리, 지렁이 450g, 백합 기름 900g, 텔리핀 기름 180g, 알코올 30g을 준비시켰다. 내가 보는 앞에서 그는 강아지를 삶아 살을 발라냈다. 다음에 지렁이를 죽여서 포도주에 씻은 다음 개고기에 섞었다. 그다음에 이것들을 기름 속에 넣어서 끓이고 즙을 말끔히 따로 떠낸 다음 기름을 수건으로 거르고 텔레핀 기름을 섞고 끝으로 알코올을 첨가했다. 그것이 끝나자 그는 나에게 이 지극히 귀중한 선물을 건네주고는 가라고 해서 나는 파리로 돌아왔다.

강아지 기름으로 만든 고약은 지금 우리가 볼 때는 어리석은 것으로 생각되지만 400년 전에는 고약이나 마시는 약이 거의 비슷하게 기묘한 재료로 만들어졌다.

파리는 또 손발을 절단한 뒤의 처치법을 개량한 점에서도 유

** 후에 파레는 다음과 같이 주석을 붙였다. '나는 그들의 상처를 돌보았을 뿐, 그들을 구한 것은 신이다.'
* 파레, 「전집」

파레는 병사의 상처에 찬 기름을 부어 넣었다

명하다. 자신이 쓴 바에 의하면 젊었을 적에 종군외과의(從軍外科醫)를 지낸 덕택에 손과 발의 절단에 능숙했다. 그는 전투, 수색 전, 기습, 마을이나 요새의 포위 공격 등의 현장에 있었기 때문이다. 그도 아주 젊었을 적에는 손이나 다리 일부를 절단한 다음 상처에 뜨거운 인두를 대는 당시의 외과 의사들이 쓰는 관례적인 방법을 따랐다. 그렇게 하면 열 때문에 살이 부풀어 올라 지나친 출혈을 막았다. 그러나 그는 가장 좋은 방법을 발견하여 다른 외과 의사에게 다음과 같은 충고를 했다. 「수족을 절단한 후 피를 멎게 하려고 달군 쇠를 사용하지 말라. 그

렇게 잔혹하지 않아도 더 확실하고 쉬운 방법」이 있다. 그것은
다름 아닌 혈관을 꼭 묶음으로써 훨씬 덜 아프게 출혈을 막을
방법이었다.

성 바르톨로메오의 날, 학살을 모면하다

외과 의사로서의 파레의 명성이 널리 퍼졌기 때문에 프랑스
의 왕 샤를 9세(Charles IX, 1550~1574, 재위 1560~1574)의 대
수롭지 않은 상처가 위험한 증상으로 나타났을 때 파레가 초빙
되어 치료했다. 그의 치료는 매우 성공했으므로 그해 152년에
그는 왕실 외과 의사로 임명되었다. 국왕 샤를은 당시 어렸기
때문에 만사를 가톨릭 신자인 모친 카트린(Catherine)이 시키는
대로 하고 있었다.

프랑스에서는 여러 해에 걸쳐 가톨릭과 프로테스탄트[위그노
(Huguenot)라고 불렸다] 사이에 격렬한 종교전쟁이 계속되고 있
었다. 1572년에 싸움은 마쳤고, 샤를의 누이동생과 위그노의
지도자 나바르(Navarre) 왕의 결혼이 결정되었다. 파리는 결혼
식에 초대된 손님으로 매우 혼잡했다. 음흉한 왕비는 적을 숙
청하는 좋은 기회라고 생각하고 어린 왕을 설득하여 파리에 와
있는 위그노를 전부 학살하라는 명령을 승낙받았다. 몰살을 시
작하는 신호는 교회에서 울리는 종소리로 정했다.

성 바르톨로메오의 날(St. Bartholomew's Day, 8월 24일) 아
침에 종은 울렸다. 몇 시간 사이에 수천 명에 달하는 프로테스
탄트가 빈부귀천의 차별 없이 국왕의 부하로부터 살해되었다.
실제로 국왕 자신까지도 잔인성에 감염되어 「그들을 죽여라,
그들을 죽여라!」 외치면서, 도망가는 위그노들을 향해 무기를

발포하였다고 한다.

소수의 프로테스탄트만이 겨우 목숨을 건졌다. 그 가운데에
는 나바르 왕과 또 한 사람의 왕족이 포함되어 있었다. 둘은
프랑스 국왕 앞에 불려 나가 학살이 다가왔다는 것을 듣게 되
었다. 둘 다 자신의 신앙을 바꿀 것을 맹세하였으므로 학살이
끝날 때까지 안전한 장소에 은닉했다. 파레도 위그노였으므로
역시 국왕의 앞에 호출되어 신앙을 바꾸라는 명령을 받았다.
파레는 이를 거부하고 자기가 왕실 외과 의사에 임명되었을 때
국왕이 미사에 갈 것을 강요하지 않겠다고 약속한 사실을 상기
했다.*

그래서 국왕은 전 세계에 이바지할지도 모르는 인물을 죽인
다는 것은 무분별한 일이라 말하고 파레의 목숨을 구해 주었
다. 파레는 주위가 아주 조용해질 때까지 자기 방에 숨어 있을
것, 누군가 살인할 목적으로 방에 들어오면 옷장 속에 숨도록
명령받았다. 이렇게 해서 살아남은 파레는 샤를의 후계자뿐만
아니라 자신과 같은 위그노의 학살을 선동한 카트린에게도 외
과 의사로서 봉사했다.

파레를 가리켜 전 인류에 이바지할지도 모를 인물이라고 한
프랑스 왕의 말은 현실이 되었다. 그의 명성, 왕실 외과 의사의
지위, 그의 교육경험, 유명한 그의 저서는 상처의 치료에 아픔
을 덜어주는 찬 고약이나 기름을 사용하는 방법을 널리 퍼뜨리
는 데 크게 공헌했다.

만약 파레가 젊은 종군 외과 의사로서 최초의 전투에 가담했

---

* 패젯, 「앙브롸즈 파레와 그 시대」, S. Paget, Ambroise Pare and His
Times: 1510-1590, 1897

을 때 끓인 기름이 모자라지 않았더라면 이 치료법의 확립은
훨씬 늦어졌을지도 모른다.

3. 콜카타와 수단의 〈검은 굴〉

거대한 도시 콜카타(Calcutta)는 현재 800만을 넘는 인구를 갖고 있으며 한때는 인도의 수도였다. 이 시가 생기고 번영한 것은 주로 영국 동인도회사(East India Company)의 모험적인 상인들의 덕택이었다. 이 회사는 엘리자베스 1세(Elizabeth I, 1533~1603, 재위 1558~1603)의 치세(治世) 말엽에 설립되었다. 그 무렵은 에스파냐의 무적함대(The Armada)와 싸워서 크게 승리한 영국의 선원들이 인도와 같은 먼 미개발 국가들을 안전하게 항해하고 무역할 수 있게 된 시대였다.

1686년에 콜카타는 갠지스(Ganges)강 연안에 있는 아주 작은 마을이었다. 그해에 동인도회사의 지배인 한 사람이 이곳에 무역센터를 설립했다. 위치를 잘 선정했기 때문에 센터의 규모와 그 중요성도 갑자기 증대했다. 마을은 한쪽이 강이라는 천연의 울타리를 이루고 반대쪽 육상으로부터의 공격은 흙담과 요새를 쌓으면 쉽게 막을 수 있었다.

토인의 추장으로부터 건축허가도 받고 1696년에는 포트윌리엄(Fort William)이라고 불리는 요새가 완성되었다.*

이 좋은 자연적 위치와 견고한 인공 방위시설 덕택에 영국 동인도회사의 본부는 콜카타를 가장 안전한 무역 센터 중 하나로 여기게 되었다.

---

* 테일러, 「고대인도와 근대인도」, W. C. Taylor Ancient and Modern India, 1851

벵갈의 태수, 콜카타를 공략

1756년에 젊은 시라즈 유드 다울라(Siraj-Ud-Daula, 1733 ~1757)는 벵갈(Bengal) 지방의 지도자, 즉 태수(Nawab)가 되었다. 그 무렵 콜카타의 무역은 연간 100만 파운드를 넘었다. 태수는 그 자리에 오르자 곧 벵갈 지방에 사는 영국인들에게 싸움을 걸 구실을 찾았다. 아마도 그는 콜카타에 막대한 부가 집중되고 있다는 소문에 크게 자극을 받았음이 틀림없다.

1756년 6월 그는 막대한 병력(80문의 대포로 무장한 5만 명의 병사)으로 콜카타를 공격했다. 콜카타는 요새화되어 있기는 하였으나 정규 수비병은 불과 250명 정도의 소부대에 불과했다. 따라서 콜카타시의 공략은 태수의 대군에게 있어서는 어린애의 손을 비트는 것과 같았다.

공격군이 콜카타시의 교외에 도착하기 전에 유럽인 부녀자와 어린이의 대부분은 배에 옮겨 타고 안전한 강으로 피했다. 시의 방위시설이 차례차례 파괴됨에 따라 총독이나 장정들을 포함한 다른 사람들도 배로 도망쳤다. 남은 방위대는 젊은 시의원 홀웰(J. Z. Holwall)의 지휘하에 단호히 버텼다. 그들은 쉴 새 없는 싸움으로 죽도록 지쳐 있었다.

시 안으로 적을 한 발짝도 들여놓지 않으려는 용감한 노력에도 그들의 힘은 다하여 결국 여자 한 명을 포함한 146명이 항복했다. 태수는 포로들을 그날 밤 안전한 곳에 가두라고 명령했고, 포로 중 한 사람의 말에 의하면 포로 지도자에게 '당신이나 당신 동료의 머리털 하나조차도' 다치는 일은 없을 것이라고 보증했다고 한다.

〈검은 굴〉 속의 침상

포로들은 요새에 설치되어 있던 영창에 갇혔다. 이 영창의 정확한 크기나 위치는 알려지지 않았다. 사건이 일어난 몇 년 후에 파괴되었기 때문이다. 그러나 아마 다음 그림의 구석에 보인 것과 비슷했을 것이다. 길이는 약 6m, 너비는 4m로 베란다의 아치(Arch) 두 개를 벽으로 막고 나쁜 짓을 한 병사를 감금하는 특별실로 만들었다. 그림처럼 아치를 막아버린 벽에는 창살이 붙은 아주 작은 창을 만들어 겨우 햇빛을 받아들이고 환기가 되게 했다. 병사들은 훨씬 전부터 이 방을 〈검은 굴(Black Hole)〉이라고 불렀다.

포로들은 이 〈검은 굴〉에 들어가도록 명령을 받았으나 146명이 들어가기에는 너무 좁다는 것을 알고 이를 거부했다. 그러나 태수의 병사들은 곤봉이나 반월도를 휘둘러 위협하며 억지로 밀어 넣고 문을 닫아버렸다. 그 뒤 어떤 일이 일어났는지는 몇 년 후에 영국의 하원에 제출된 보고서에 기술되어 있다. 그러나 여기서는 그 사건이 지난 2년 후에 출판된 홀웰의 저서에서 발췌한 것을 들어 보겠다.*

친구여, 상상해 보라. 계속되는 노고에 지친 채 약 6m의 입방체 속에 빈틈없이 들어차 벵갈의 무더운 밤을 보내야 했던 146명의 불쌍한 사람들의 상태를. 바람이 조금이라도 통할 수 있는 곳은 견고한 창살이 달린 두 개의 창문뿐이었는데 신선한 공기는 이곳을 통해 아주 조금밖에 흘러들어오지 않았다.

---

* 홀웰, 「검은 굴속에서의 비참한 죽음의 진상」, J. Z. Holwell, A Genuine Narrative of the Deplorable Deaths in the Black Hole, 1758

콜카타의 〈검은 굴〉

　포로들은 문을 억지로 열려고 애썼으나 무거운 자물쇠가 걸려 있었다. 그들은 파수병에게 뇌물을 주고 이 좁은 방에서 이렇게 많은 죄수가 들어갈 수 없다는 것을 태수에게 말해 달라고 청하려고 했다. 그러나 태수는 벌써 잠들었고 파수병은 태수를 깨우는 것이 두려워 보고하지 않았다.

　죄수들이 갇힌 지 불과 몇 분 지나지 않아서 누구나 땀투성이가 되었다. 그 때문에 몹시 목이 말랐다. 그들은 어떻게 하면 더 넓은 공간과 더 많은 공기를 마실 수 있을지를 궁리했다.

　공간을 조금이라도 만들기 위해 입고 있는 것을 벗어버리자는 말이 나왔다. 그것은 좋은 생각으로 받아들여져서 몇 분 사이에 남자들은 모두 벌거숭이가 되었다.

　다음에 공기를 순환하기 위해 각기 모자를 휘휘 저은 다음 모두 앉기로 했다. 곧 몇 사람이 앉아 있기가 힘들어 일어서려고 했다. 그러나 그 대부분은 전과 같이 다리를 쓸 수 없었으므로 그 자리에 쓰러졌다. 몇몇 사람은 설 수조차 없었다. 곧 죽어버리거나 질식하였기 때문이다. 갇힌 지 두 시간이 지나자 모두 극도로 목이 말랐다. 호흡하기가 곤란해졌고 악취는 어지럽도록 지독했다. 방의 한가운데 있던 사람들은 대부분 미치광이가 되었다. '물을 달라, 물을!' 하고 모두 입을 모아 외쳤다. 파수병이 죄수들을 불쌍히 여겨 물을 넣은 가죽 주머니 하나를 창살 사이에 얹었다.

그것을 보자마자 모두 어찌나 흥분하고 아우성을 쳤는지 도저히 말로 표현할 수 없다. 우리에게는 가죽 주머니를 감옥 안으로 넣을 수단이 없었으므로 모자에 담아 겨우 창살 사이로 들여올 수 있었다. 그러자 곧 무서운 싸움이 일어났고 누군가가 마시게 되었을 때는 이미 한잔 정도의 물밖에 남아 있지 않았다. 이 정도의 물의 공급은 불에 기름을 부은 격이었으며 오히려 갈증을 돋구었다.

한밤중까지 살아남은 사람들도 대부분 발광상태에 있었다. 그러나 그 뒤 몇 시간 사이에 차례차례 죽어갔다.

영국군의 반격

다음 날 아침 벵갈의 태수는 이 비극적인 사건을 보고받고 포로들을 곧 해방하도록 명령했다. 아침 6시에 홀웰은 문이 열리는 것을 보았다. 감금된 지 약 11시간이 지난 후였다. 그는 그 뒤에 이렇게 쓰고 있다.

신선한 공기는 곧 나를 소생시켰다. 문을 연 관리가 가고 나서 몇 분이 지나자 시각과 다른 감각도 곧 회복되었다. 그러나 오! 주위의 무서운 파멸의 모습을 둘러보았을 때 마음이 얼마나 아팠던가! 그것을 남김없이 이야기하기 위해서 어떤 말을 찾아야 할까? 살아 남은 사람 가운데 가장 건장한 사람조차 체력이 거의 다해버렸기 때문에 문 앞에 쌓인 시체를 밀어제치기도 어려웠다. 그래서 우리가 겨우 빠져나갈 길을 만들어 한 사람씩 밖으로 나가기까지는 20분 이상이 걸렸다고 생각한다.

이 방에 갇혔던 146명 가운데 살아남은 사람은 불과 23명이 었다. 홍일점인 여자도 살아남았다. 죽은 시체는 서둘러 구덩이 속에 던져지고 곧 흙으로 덮이고 말았다.

이 무서운 재난의 뉴스가 영국에 전해지자 대중은 격분하여 소리 높여 복수를 요구했다. 로브트 클라이브(Robert Clive, 1725~1774)와 윗슨 제독(Admiral Charles Watson)이 이끄는 원정군이 공격하여 1757년 1월에 콜카타시를 탈환했다. 1년 후에 태수의 군대는 플래시(Plassey)에서 결정적인 패배를 맛보 았다. 태수는 변장하고 도망했으나 이후 어떤 사나이에게 살해 되었다고 한다. 그 사나이는 이전에 태수로부터 몹시 잔혹한 형벌을 받았다.

세월이 지나자 이 비극이 일어난 것은 약간의 오해나 몇 가 지의 잘못 전해진 소문도 한몫을 거들었다는 것이 밝혀졌다. 146명의 유럽인 포로를 그날 밤에 수용한다는 것은 쉽지 않은 문제였다. 파수병은 적당한 장소를 찾았으나 한 곳도 찾아내지 못했다. 살아남은 한 사람의 말을 인용하면

그때 영국인들이 감옥으로 사용하던 장소가 있다는 정보가 들어 왔다. 그래서 더 조사하지 않고 포로들을 그 속으로 가두고 말았다. 이것이 불행하게도 검은 굴이라고 불리는, 작고 통풍이 나쁜 비위생

적인 토굴이었다. 더욱이 그곳은 영국인이 수바다르(Subahdar)의 관
리에게 감금하기에 적당한 좋은 장소라고 말했으므로 스스로 자신
의 거짓말에 속은 것이다.*

코스티의 비극

이로부터 200년 후에 아프리카에서 비슷한 사건이 일어나
189명이 죽었다. 이번에는 카르툼(Khartoum)에서 320㎞ 남쪽
에 있는 푸른 나일(Blue Nile) 지방의 마을 코스티(Kosti)가 무
대였다.** 1956년 2월 한 시범농장에 들어와 있던 1,000명의
소작농 중 대부분이 데모를 벌였다. 그 가운데는 아랍 사람이
나 다른 펠라하(Fellahs, 서쪽 수단지방에서 온 아프리카 사람)도
섞여 있었다. 소작농들은 자기들의 솜을 더 비싼 값으로 사 달
라고 요구했으며 요구가 관찰될 때까지는 목화를 따는 일이나
넘기는 일도 거부했다. 곧 데모는 폭동으로 바뀌었다. 경관들은
군중을 해산시키려고 처음엔 최루가스를 사용하였으나 나중에
는 발포까지 했다. 그 결과 많은 데모 참가자와 소수의 경관이
죽거나 다쳤고 소작농의 대부분이 도망치고 말았다.

경찰은 3일 동안 그 지방을 수색해서 경찰에게 공격을 가한
혐의가 있는 281명을 체포했다. 체포된 사람들을 코스티로 보
냈으나 코스티의 감옥은 이들을 전부 수용할 만큼 크지 못했
다. 경찰은 그날 밤 이들을 당시 건설 중인 군대의 막사에 가
두었다. 그 방은 길이 약 12m, 너비 10m 정도로서 그때까지
몇 달 동안 사용한 적이 없었다. 창은 빗장으로 튼튼히 잠겨

---

* 밀, 「영국령 인도사」, James Mill, The History of British India, 1826
** 「런던 타임스」, The Times, 1956. 2. 24

있었다.

코스티의 2월의 기온은 낮에는 약 35℃, 밤에는 약 18℃였다. 사람들은 체포되었을 때 많이 지쳐 있었다. 사흘이나 쫓겨 다니는 동안 거의 아무것도 먹지 못했기 때문이다. 그러나 파수병은 이들에게 아무것도 먹을 것을 주지 않았고 가두기 전에 그저 물 한 컵만 주었을 뿐이었다. 밀폐된 방은 곧 견디기 어려운 상태가 되었고, 죄수들은 밖으로 내보내 달라고 필사적으로 간청했으나 파수병은 이 소리를 듣고도 그저 비웃고 놀리기만 했다. 곧 사람들은 하나하나 죽어갔고 어떤 사람은 히스테릭하게 외치기도 했다. 죽어가는 사람은 그보다 먼저 죽은 사람 위에 포개져서 쓰러졌으며 아침까지 산더미같이 시체가 쌓였다.

이 무서운 하룻밤의 감금에 189명이 죽었고 살아남은 사람도 거의 중병을 앓게 되었다.

이산화탄소와 열사병

콜카타의 검은 굴과 코스티의 막사에 갇힌 사람들에게 죽음이 덮친 것은, 사람을 지나치게 많이 집어넣은 작고 더운 방에 신선한 공기가 들어오지 못하고 사람이 내쉰 공기만 괴어 있었기 때문이다. 공기가 폐로 들어오면 그중 일부가 이산화탄소로 바뀌는데 사람들이 같은 공기를 되풀이해서 호흡했기 때문에 어느 방에서도 이 가스의 양은 점점 많아졌다. 공기 중의 이산화탄소가 조금씩 많아지면 사람의 호흡은 앞서보다 깊고 빨라지며 맥박도 올라간다. 이렇게 해서 가스가 아주 많아지면 눈이 핑핑 돌고 정신이 몽롱해지며 심한 두통이 일어나게 된다.

그러는 가운데 사람은 몹시 지쳐서 눕고 싶어진다.

지나친 이산화탄소의 영향은 고통스러운 것이지만 콜카타와 코스티의 죄수들 대부분이 「열사병」으로 죽었다. 건강한 사람의 정상체온은 평균 37°보다 약간 낮다. 뇌의 「체온조절중추」는 체내에서 만들어내는 열과 잃어버리는 열 사이의 균형을 유지하게 하고 개개인에 따라 일정한 상태로 체온을 유지해 준다. 많은 사람이 들어가 있지만, 통풍이 좋은 무더운 방에서는 체온이 올라가면 체온조절중추는 신경에 신호를 보내서 땀이 나게 한다. 몸이 만들어 내는 열의 일부는 땀의 수분을 수증기로 바꾸는 데 쓰이므로 보통은 이렇게 해서 열의 균형이 유지된다. 그러나 꽉 닫힌 더운 방에서는 공기가 신선한 바깥공기와 교체되지 못하기 때문에 수증기가 점점 많아지고 결국 포화상태가 된다.

따라서 땀이 증발하는 비율, 즉 몸의 열을 잃어버리는 비율은 점점 낮아진다. 발생하는 열과 똑같은 양의 열의 소비가 없기 때문에 체온은 점점 올라간다.

체온이 41℃를 넘으면 뇌 속의 체온조절중추는 제대로 기능을 발휘하지 못하게 된다. 체온은 계속 올라가서 결국 죽음을 가져온다.

4. 기적의 나무껍질

17세기 초 에스파냐 사람들은 남아메리카의 여러 지역에 정착하고 있었다. 오늘날 페루(Peru)라고 불리는 지방도 이러한 식민지 중 하나였다. 에스파냐 사람들은 남아메리카의 원주민들을 「인디언(Indian)」이라고 불렀다. 그들은 인디언이 여러 가지 색다른 풍습을 갖고 있다는 것과 또 그 지방의 식물은 에스파냐에 있는 식물들과 전혀 다르다는 것을 알게 되었다. 그들이 보지도 못한 식물 대부분을 약으로 사용하는 일이 인디언의 습관이었다. 그 약 중 하나는 인디언이 「생명의 나무」라고 부르는 나무껍질에서 얻은 것이었다. 나무껍질을 빻아서 가루로 만들어 물에 섞어서 만든 액체는 말라리아(Malaria)라고 부르는 열병에 걸린 많은 사람을 구했다. 말라리아는 열대의 습한 지역에서 많이 생기는 병이었다.

백작부인, 아나

「기적의 나무껍질」에 관해 전해 내려오는 이야기는 수많은 의학 이야기 가운데서도 가장 로맨틱한 것으로서 여러 가지 형태가 있다.* 그중 하나에 의하면 주인공은 에스파냐의 한 고을에 사는 아스토르가(Astorga) 공작의 막내딸 아나(Ana)였다. 1621년 아나는 상당히 유명하고 전통 있는 가문의 귀족과 결혼했다. 그 귀족의 이름과 칭호를 빼지 않고 다 적으면 「치논백작, 발데모로 남작, 세고비아 세습시장, 돈 루이스 제로니모 페르난데스 데 가브레라 이보다디야**」이지만 간단하게 '치논

---

* 「의학사보」, Bulletin of the History of Medicine, Vol. Ⅲ, 1941

백작'이라고 부르기로 하자.

백작은 남아메리카의 새 영토의 총독으로 임명되어 페루의 리마(Lima)라는 마을에 도착하자 부하를 거느리고 살며 정무(政務)를 볼 궁전을 세우기 시작했다. 인디언 추장들은 에스파냐의 정복자들과 자유로운 교제를 하려고 하지 않았다. 특히 그 지방에서 나는 약 대부분을 에스파냐 사람들에게 비밀로 하려고 애썼다고 한다. 그중 하나가 기적의 나무껍질에서 빼낸 약이었다. 일반적으로 알려진 이야기에 따르면 추장들은 마을 주민들을 때때로 이 「생명의 나무」 밑에 모아놓고 만일 에스파냐 사람들에게 이 나무껍질이 갖는 기적적인 힘을 가르쳐주면 죽음을 면치 못하리라는 것을 상기시켰다고 한다.

1638년 궁전이 준공되었으므로 총독은 에스파냐에 사람을 보내서 백작부인을 데려오게 했다. 그녀가 리마에 도착하자 성대한 환영식이 베풀어졌는데, 그때 억지로 참석한 인디언 소녀들이 열을 지어 앞을 지나갔다. 소녀들을 인솔한 것은 매우 아름다운 여성 수마(Zuma)로서 미르반(Mirvan)이라고 불리는 젊은 십장의 아내였다. 수마의 아름다움은 백작부인의 시선을 끌었고 부인은 그녀를 자신의 전속 시녀 중 한 명으로 임명했다. 이윽고 두 사람은 좋은 벗이 되었다.

시녀 수마, 체포되다

때마침 백작부인이 열병에 걸려 증세가 하루하루 더 악화하

** Don Luis Geronimo Fernandez de Gabrera y Bodadilla, the Count of Chinon, Lord Valdemoro and Hereditary Alcide of Segovia

부인에게 나무껍질을 먹이려던 수마는 옷장에서 뛰어나온 백작
에게 저지당했다

여 갔다. 수마는 세심하고 헌신적으로 간호하였으므로 부인은
한시도 그녀를 베갯머리에서 떠나지 못하게 했으며 다른 누구
의 시중도 받으려 하지 않았다. 에스파냐 사람인 시녀 베아트
리스(Beatriz)는 극도로 수마를 시기하여 어떻게 해서든지 그녀
의 자리를 차지하려고 음모를 꾸몄다. 어느 날 베아트리스는
백작에게 이렇게 속삭였다. 백작부인의 병의 진짜 원인은 수마
가 말라리아와 비슷한 병을 일으키는 괴상한 인디언의 독을 매
일 마시게 하고 있기 때문이라고. 그래서 백작은 수마를 엄중
히 감시하기로 했다.

그날 밤 백작부인과 베아트리스는 백작부인의 침실에 있는
옷장에 숨어서 수마가 오기를 기다렸다. 일은 베아트리스의 계
략대로 아주 잘 들어맞았다. 그날 낮에 수마는 자신도 열병에
걸렸으므로 남편에게 나무껍질을 조금 가져오라고 전갈을 보냈

다. 그러나 그녀는 그 나무껍질을 자기가 먹지 않고 백작부인에게 주려고 결심하고 있었다. 백작의 주치의가 처방한 약에 섞어서 마시게 하면 될 것이라고 그녀는 생각했다. 그러나 사람들이 모르게 마시게 해야 했다. 자기가 에스파냐 사람에게 기적의 나무껍질을 먹였다는 것을 다른 인디언 시녀가 알면 인디언 부족의 계율을 어겼다고 틀림없이 힐책할 것이기 때문이다.

수마가 침실에 들어왔을 때 백작부인은 자고 있었다. 수마는 침대에 가까이 와서 쉴 새 없이 두리번거리며 약에 나무껍질의 가루를 섞을 안전한 기회를 노렸다. 옷장 속에 숨어 있던 백작은 그녀의 수상쩍은 거동에 무엇인가 좋지 않은 일을 꾸미고 있다고 생각했다. 수마가 마침 나무껍질을 섞으려고 할 때 백작은 숨어있던 장소에서 뛰어나와 그녀를 막았다. 수마는 열병으로 이미 쇠약해져 있었기 때문에 들킨 충격으로 기절하여 나무껍질의 가루를 바닥에 떨어뜨렸다. 백작은 자기 아내를 독살하려고 했다는 혐의로 수마를 체포하도록 명령했다.

키나나무 껍질의 비밀, 에스파냐 인에게 알려지다

수마가 체포되었다는 뉴스가 곧 널리 퍼지자 수마의 남편 미르반은 그 소식을 듣고 그녀와 운명을 같이하기로 마음먹었다. 남편은 백작에게 가루는 자신이 아내에게 준 것이라고 실토하였으므로 그 자리에서 체포되었다. 남편과 아내는 헤어날 수 없는 절박한 상태에 빠졌다.

만약 진실을 고백한다면 둘은 나무껍질의 비밀을 누설했다는 죄목으로 인디언들에게 죽임을 당하게 될 것이다. 그러나 진실

을 말하지 않으면 에스파냐 사람들은 두 사람을 살인 모의로
사형에 처할 것이다. 두 사람은 결국 아무 말도 하지 않았고
화형이 선고되었다.

운명의 날은 왔다. 판결할 준비가 다 끝날 무렵 백작부인은
비로소 침실에 수마가 없는 것을 알아차렸다. 그녀는 자기가
열 때문에 정신이 없었을 때 일어난 사건에 관해 들었으나 총
애하던 시녀가 자기를 해치려고 했다는 말은 도저히 믿을 수
없었다.

이어 그녀는 몇 분 후에 수마가 죽게 된다는 사실을 알고는
깜짝 놀랐다. 그녀는 곧 침대에서 일어나 사형장에 데려가 달
라고 우겼다. 무서운 병 따위는 문제 되지 않았다. 다행히 처형
직전에 겨우 형장에 도착할 수 있었고 수마와 그의 남편을 궁
전으로 데리고 왔다.

추장은 미르반과 수마의 이야기를 듣고 백작부인이 베푼 친
절에 보답하기로 했다. 추장은 백작에게 수마는 무죄라고 말하
고 비밀의 나무껍질을 조금 주면서 이것은 백작부인과 같은 병
에 걸린 많은 사람의 목숨을 살려 왔다는 것을 보증했다.

그즈음에 백작부인의 병은 몹시 악화하여 의사들은 단념하고
있었다. 백작은 반쯤 자포자기에 빠져 그 나무껍질을 받아서
가루를 만들어 부인에게 마시게 했다. 다음날 그녀는 몰라보게
나았다. 추장은 나무껍질을 좀 더 보내주었고 부인은 8일 만에
완전히 회복했다. 백작의 감사는 그칠 줄을 모르고 그와 추장
은 곧 정다운 벗이 되었다. 마침내 인디언들도 이제 나무껍질
의 신비로운 힘을 에스파냐 사람들에게 감추어서 안 된다는 데
동의했다.

48

그로부터 몇 해가 지난 1641년에 총독과 백작부인은 에스파 냐로 돌아왔는데, 이때 부인은 기적의 나무껍질을 조금 가져갔 다. 그녀는 이것을 남편의 영지에 사는 환자들에게 나누어 주었 다. 백작의 영지는 마드리드(Madrid)의 남쪽에 있었고 토지는 비 옥했지만 열병이 유행하고 있었다. 이곳 에스파냐에서도 나무껍 질은 말라리아나 그 밖의 열병에 놀라운 효험을 나타냈다. 그것 은 사람들로부터 「백작부인의 가루약」이라고 불리게 되었다.*

사실은 꾸며낸 이야기

1735년에 한 과학탐험대가 로사(Loxa)의 삼림을 조사하여 많은 식물의 기록과 표본을 유럽으로 가지고 돌아왔다. 이 조 사 자료들은 1742년에 유명한 스웨덴의 생물학자 린네(Carolus Linneaus, 1707~1778)에 의하여 분류되었다. 린네는 식물의 명 명과 분류에 관한 탁월한 방법을 고안한 사람이다(12장 참조). 린네는 그 나무껍질을 얻을 수 있는 나무의 종 이름을 「백작부 인이 인류에게 크게 공헌했다는 점을 기억에 새긴다」는 뜻으로 지으려고 했다. 그러나 그는 백작부인의 이름을 잘못 알고 신 코나(Cinchona)라고 표기해 버렸다. 린네는 에스파냐의 식물학 자가 틀린 점을 지적하기 전에 죽고 말았으므로 그 이름이 그 대로 오늘날에 이르고 있다.**

최근의 연구에 의하면 백작부인 아나에 관한 이 이야기는 로 맨틱하게 꾸며낸 일화라는 것이 확실해졌다. 그녀는 치논 백작 이 총독이 되기 전에 벌써 죽었으며, 백작을 따라 페루에 간

---

* 마컴, 「페루의 나무껍질」, C. R. Markham, Peruvian Bark, 1880
** 「네이처」, Nature, Vol. 126. 1930

사람은 두 번째 부인 프란시스카(Francisca)였다. 백작이 쓴 일기가 발견되었는데 가족에 관한 일이 거의 하루도 빠짐없이 기록되어 있었다. 이 일기에 의하면 백작부인 프란시스카는 페루에 있는 동안 쭉 건강하게 지냈다. 그녀가 병에 걸린 것은 단지 두 번이었는데 한번은 후두염을 앓았고 또 한 번은 하루 동안 기침을 했을 뿐이다. 불행히도 그녀는 에스파냐에 돌아가는 도중에 죽었으므로 나무껍질의 효능을 알았더라도 에스파냐에 가져갈 수는 없었을 것이다.

키니네의 대용품을 쫓는 전시연구

키나나무(Quina)의 껍질은 쭉 천연의 상태대로 사용되어 왔다. 19세기 초에 이르러서야 비로소 화학적으로 연구되었고 거기서 키니네(Quinine)라는 약을 추출해냈다. 키니네는 의학에서 가장 널리 사용된 약 중 하나로 특히 말라리아에 효력을 나타냈다. 열대지방에 사는 수천 명의 영국인은 키니네 덕분에 이 병의 맹위에서 벗어날 수 있었다. 키니네는 「영국인이 열대 아프리카와 동양에 하나의 큰 제국을 건설하는 일을 가능하게 하였다」라고 일컬어진다.*

키니네를 둘러싼 전설은 백작부인 아나만으로 그치지 않았다. 또 다른 로맨스가 1914~1918년의 1차 세계대전을 비롯하여 1939~1945년의 2차 세계대전에서 다시 등장했기 때문이다. 이번에는 전 세계가 관련되었다.

유럽은 키나나무의 껍질을 수입에 의존하지 않으면 안 되었는데 독일은 1차 세계대전 도중 봉쇄되어 그 공급이 차단되었

---

* 「19세기」, Nineteenth Century, October 1945

50

다. 당시 독일의 의사나 다른 나라의 의사들도 여러 가지 병에 곧잘 키니네를 처방했다. 그래서 독일 과학자들은 대용품을 찾는 일에 착수했다. 그들은 세계대전이 끝날 때까지도 이 일에 성공하지 못했으나 전후에도 이 연구를 계속했다. 1939년 2차 세계대전이 시작될 때까지 벌써 그들은 12,000종에 달하는 인조 약품에 의한 말라리아 치료의 예비적 연구를 마치고 있었다. 그중 하나가 유망한 결과를 보여주었다. 1939년부터 독일의 과학자들은 말라리아가 번창하는 지역에서 이 약을 대규모로 시험하기 시작했다. 그러나 이 일이 시작되었을 무렵 제2차 대전이 터져서 시험은 중단되고 말았다.

1940년대 초기의 전투는 말라리아가 맹위를 떨치는 지역으로 확대되어 갔다. 연합군에게 가장 큰 적 가운데 하나는 바로 이 병이었다. 실제로 키니네나 다른 어떤 대용품이 없었다면 백인부대는 전장에서 말라리아의 밥이 되어 장시간의 작전은 불가능했을 것이다.

영국이나 연합군에게 불행했던 것은 전 세계의 키니네의 90% 이상이 자바(Djawa, Javs) 등 동남아시아에서 자라는 나무에서 생산된다는 것이다. 이 나라들은 당시 일본군에게 유린당하고 있었다. 그래서 영국, 오스트레일리아 및 미국의 과학자들은 실험실에서 키니네 또는 그 대용품을 만드는 더할 나위 없이 중대한 과제를 맡게 되었다.*

여기서 연합군은 적이 애써 이룬 지식을 이용해서 커다란 이익을 얻게 되었다. 미국과 오스트레일리아의 과학자들은 독일의 과학자들이 했던 실험이 중단된 부분에서부터 다시 계속했

* 「영국의학보」, British Medical Bulletin, Vol. 8, 1951-2

다. 오스트레일리아의 과학자는 실험을 지원한 800명의 병사를 먼저 말라리아에 걸리게 하고 그 뒤에 이 약을 써서 치료해 보았다. 이 실험은 아주 귀중한 결과를 가져왔다.

남서태평양 관구와 동남아시아 관구에 있는 연합군은 적 일본군이 말라리아로 극심한 괴로움을 겪고 있을 시기에도 충분한 전투력을 보유할 수 있었다.

그 덕택에 미국의 과학자들도 독일의 약과 본질적으로 다르지 않은 14,000종 이상의 물질을 선정해서 말라리아에 대한 효과를 조사하여 매우 귀중한 결과를 얻었다. 미국에서는 오스트레일리아의 병사처럼 치료실험을 지원한 것은 징역형을 선고받은 사람들이었다. 이 감옥에서 나온 지원자들의 협력은 전쟁 수행에 큰 봉사를 한 셈이었다.

영국의 과학자들은 키니네의 대용품이 아니면서도 말라리아에 맞서 뚜렷한 효과를 나타내는 새로운 약을 만드는 일에 온갖 노력을 집중했다.* 그러한 약을 찾아낸 것은 대전 중 화학약제 분야에서 가장 중요한 발견 중 하나라고 일컬어지고 있다. 오늘날에는 말라리아 치료에 쓰이는 키니네의 세계적인 수요가 그전만큼 많지는 않다.

---

* 코벨, 「말라리아의 화학요법」, G. Covell, Chemotherapy of Malaria, 1955

5. 천연두 이야기

지금부터 250년 전까지만 해도 천연두는 가장 무서운 병이었다. 천연두에 걸리면 대개는 죽었고, 설사 살아남는다고 해도 얼굴에 곰보라고 하는 자국이 남아 무서울 정도로 보기 흉한 모습을 남겼다. 한번 이 병이 유행하면 수천, 수만 명이 죽는 일도 있었다.

이 병은 아주 오랜 옛날부터 알려져 있었다. 또 한 번 걸린 사람은 그 뒤 병이 유행해도 다시 이 병에 걸리지 않는다는 사실 역시 일찍부터 알려져 있었다. B.C 1000년경에 중국 사람들은 이 사실을 알고 젊은이들을 독려하여 일부러 이 병을 옮기도록 애썼다. 만약 그 사람이 죽는다고 해도 사회의 손실은 적다고 생각했다. 생명의 가치를 그 정도로밖에는 평가하지 않았다. 그러나 만약 그 사람이 살아남으면 두 번 다시 이병에 걸리지 않을 것이므로 오히려 귀중한 존재였다. 그래서 환자에게서 채취한 고름을 건강한 젊은이의 피부밑에 심거나 콧구멍 속에 넣는 습관이 성행했다. 여기에는 여러 가지 단점이 뒤따랐다. 대개는 옮은 천연두가 직접 원인이 되어 죽었다. 또 병은 이 처치를 받는 사람부터 다른 사람, 더 나이 든 사람들에게도 퍼졌다. 그러나 이 습관은 중국에서 수백 년간 계속되었고 마침내 페르시아와 터키에도 전해졌다.* 18세기 초에는 약간 개량된 방법이 영국에도 전해졌는데 그 방법은 접종(Inoculation)이라고 불리게 되었다.

---

* 몬태규, 「워틀리 부인 서안집」, Lord. Wharton Montague, Letters of Lady Wortley, 1837

접종의 한 가지 방법으로는 사람의 팔에 작은 상처를 내어 천연두의 부스럼에서 채취한 고름에 담가두었던 실을 문지르는 것이다. 경험에 의해 밝혀진 바로는 접종을 받은 사람의 일부 는 가볍게 천연두를 앓았을 뿐 회복된 뒤엔 두 번 다시 이 병 에 걸리지 않았다. 그러나 다른 사람들은 심하게 천연두를 앓 아 죽은 사람도 많았다. 어쨌든 영국에서는 이 습관이 점차 퍼 져서 18세기 중반에는 널리 보급되기에 이르렀다.

제너, 우유 짜는 여자에게 배우다

천연두를 둘러싼 전설적 이야기의 중심 인물은 에드워드 제 너 (Edward Jenner, 1749~1823)이다. 그는 1749년에 태어났으 며 어려서부터 생물학 연구에 흥미를 느꼈고 의사가 되려고 열 심히 공부했다. 당시 의사의 자격을 따기 위해서는 13세쯤부터 경험이 풍부한 의사 밑에서 수습 생활을 하는 것이 보통이었 다. 얼마 동안 수습 생활을 한 뒤에 젊은이들은 보통 의학교나 대학에 들어가 2년간 공부했다. 제너 역시 브리스틀에서 가까 운 소드베리(Sodbury)라는 작은 마을에 살고 있던 한 의사 밑 에서 수습 생활을 하면서 이곳에서 환자나 마을 사람들과 자유 롭게 사귀었다. 후에 런던의 세인트 조지 병원(St. George's Hospital)에서 수업을 마쳤다. 수습 생활을 하고 있던 1766년 어느 날 농장에서 우유를 짜는 한 여자가 소드베리의 의원에 진찰을 받으러 왔다.* 마침 천연두 이야기가 나오자 그녀는 대 뜸 이렇게 말했다. "아, 저는 절대로 천연두에 걸리지 않아요. 우두(牛痘)에 걸렸으니까요." 우두는 암소의 유방에 생기는 병으

---

* 배런, 「제너의 생애」, J. Baron, The Life Edward Jenner, 1827

로 이 병에 걸린 소의 젖을 짜는 사람에게 잘 옮는다. 이 병에 걸리면 팔이나 손에 천연두의 곰보와 비슷한 사마귀 같은 종기나 부스럼이 돋아난다. 희귀하게 얼굴에 나오는 경우도 있으나 그렇지 않으면 걸려도 그리 걱정되는 일은 거의 없다.

처음으로 종두를 실험

제너는 세인트 조지 병원에서의 공부를 끝마치고 1775년에 의사 자격을 얻어 고향으로 돌아왔다. 훨씬 뒤에 그는 우유 짜는 여자의 이야기가 생각나서 마을 사람들에게 물어보았더니 많은 사람도 똑같이 믿고 있었다. 제너는 이 믿음 속에 진리가 담겨 있는지 아닌지를 알아보기로 했다.

한 소년에게 일부러 우두를 옮긴 다음 진짜 천연두를 옮겨보는 대담 하고 중대한 처치를 해 보기로 했다.

그래서 제너는 우두에 걸린 사람의 종기에서 고름을 조금 취했다. 제임즈 핍스(James Phipps)라는 여덟 살 건강한 소년의 팔에 작은 상처를 두 개 냈다.

이 상처에 고름을 조금 묻혔다. 핍스는 가벼운 우두에 걸렸으나 곧 나았다. 다음 처치는 약 7주 후에 시행되었다. 제너는 천연두 환자의 종기에서 고름을 조금 채취했다. 다시 소년의 팔에 작은 상처를 내고 거기에 천연두의 고름을 넣었다. 며칠을 기다린 뒤 그는 우유 짜는 여인의 말이 정말이라는 것을 알게 되었다. 핍스는 천연두에 걸리지 않았다. 그는 미리 우두에 걸린 덕택에 천연두 고름의 나쁜 영향에서 벗어난 것이 분명했다. 의학적 용어를 쓰면 우두는 그 소년에게 천연두에 대한 「면역」을 준 것이다.

소년에게 종두하는 제너. 앞의 우유 짜는 여자의 손에 우두
자국이 보인다

제너는 우두와 천연두가 비슷함을 강조하기 위해 우두를 바
리올라 바키내(Variola Vaccinae, 소의 천연두라는 의미의 라틴어)
라고 이름을 지었다.* 그 후 몇 해 지나지 않아서 우두의 고름

---

* 제너, 「우두의 원인과 결과에 관한 연구」, E. Jenner, An Inquiry into
the Causes and Effects of the Variola Vaccinae, 1798

을 접종하는 것을 예방접종(Vaccination)이라 부르게 되었고(백신도 같은 말에서 유래한다) 수백 명의 사람이 천연두에 대한 면역을 얻고자 이 처치를 받았다.

종두의 공격

제너의 방법에 대한 사람들의 반응은 찬반이 엇갈렸다. 어떤 사람은 우두와 천연두는 전혀 다른 병이기 때문에 제너가 우두를 「바키내」라고 명명한 것은 옳지 못하다고 주장했다. 다른 사람들은 제너는 그의 종두가 천연두를 충분히 방지한다는 것을 아직 결정적으로 증명하지 못한다고 말했다.

또 어떤 사람들은 제너가 접종한 환자가 걸리는 우두라는 병은 천연두 자체와 거의 다르지 않을 만큼 보기에 천하고 추하다고 말했다.

이어서 이것과는 전혀 다른 공격이 제너에게 가해졌다. 그당시 많은 사람이 믿던 신앙관에서는 암소가 사람보다 하찮은 피조물(被造物)이라는 생각 때문이다. 이런 사람들이 보면 인간의 핏속에 짐승이 가진 물질을 주입한다는 것은 구역질이 날 만큼 더러울 뿐만 아니라 어떤 사람의 말에 의하면 「정상적인 자연의 진행에 뻔뻔스럽게 간섭하는 것으로서 신의 섭리에의 불신을 의미」하는 것이었다. 의학에 관계하는 사람들조차 짐승의 물질을 인체에 주입하면 여러 가지 무서운 결과가 일어날 것이라고 예언했다. 그중 한 사람은 다음과 같은 과장된 이야기를 했다.

나는 우두에 관한 충격적인 예를 많이 들었다. 그중 이것이 지금까지 발표된 것 중에서 가장 무서운 것인지 어떤지는 알지 못하지만, 페컴(Peckham)의 어떤 아이는 우두를 접종한 다음 태어날 때부터 갖고 있던 성질이 완전히 바뀌었고 짐승처럼 되어버렸다. 그리하여 그 아이는 황소처럼 네발로 뛰어다녔다.

그러나 이런 이야기를 쓴 사람은 이 실례가 사실인지를 확인할 만한 시간이 없었다는 것을 인정할 정도의 겸손은 가지고 있었다.

이러한 반대론이 두 번 다시 일어나지 못할 만한 반격을 받은 것은 인간이 수천 년 동안 비프스테이크나 통째 썬 양고기를 먹어왔으며 또 헤아릴 수 없이 많은 세대에 걸쳐서 우유를 마셨고 동물로부터 얻은 다른 것을 먹어왔다는 사실이 지적되었을 때였다. 인간은 오늘날까지 짐승이 된 적도 없으며 페컴의 황소처럼 네발로 뛴 적도 없었으니 말이다.

오늘의 역사가들은 당시 길리(James Gillray, 1757~1815)와 같은 만화가가 솜씨를 보일 절호의 기회가 주어졌다는 것을 잘 알 수 있을 것이다. 1802년에 길리는 다음에 나오는 그림과 같은 만화를 그리고 이와 같은 해설을 붙였다.

이것은 제너 박사가 자신이 발견한 것을 실행하는 모습과 놀랄 만큼 흡사하다. 구빈원(救貧院)에서 징용되어 그의 조수로 일을 하게 된 한 젊은이가 「암소에서 갓 뽑아낸 우두곰보」를 넣은 우유 통을 들고 있다(왼쪽 아래). 종두로 말미암아 생긴 여러 가지 괴상한 결과가 불행한 환자들의 몸에 그려져 있다. 종두는 문자 그대로 그 사람에게 「귀신이 붙었다」고 해도 좋으리라. 벽에 걸린 액자에 들어있는 그림은 「황금송아지」의 숭배를 바탕으로 한 것으로서 사람들이 암소를 향해 예배하는 모습을 나타내고 있다.*

---

* 라이트, 「만화가 제임즈 길리」, T. Wright, James Gillray the

그러나 제너는 곧 명성을 얻었고 많은 나라의 영예가 그의 머리 위에 빗발치듯 쏟아졌다. 네덜란드와 스위스의 일부 목사들은 설교에서 사람들이 종두를 맞도록 강력하게 권유했다고 한다. 다른 나라에서는 제임스 핍스가 종두를 맞은 날을(제너의 탄생일과 마찬가지로) 축제일로 정했으며 러시아에서는 최초로 종두를 맞은 아이들을 관비로 교육했고 바키네의 이름을 따서 이름을 「박시노프(Vaccinov)」라고 지었다고 한다.

종두의 힌트는 어디에서?

우유 짜는 여자의 이야기는 제너의 전기를 쓴 사람이 처음으로 말한 것인데 일반적으로는 사실로 인정되고 있다. 그러나 우유 짜는 여인이 제너를 찾아온 것은 1766년이라고 하는데, 그가 1788년까지 그녀의 확신을 공개적으로는 이용하지 않았다는 것이 지적되고 있다. 1788년에 제너는 우두에 걸린 우유 짜는 이 여인의 손에 생긴 부스럼을 그림으로 그려 런던으로 왔다. 그는 이것을 여러 사람에게 보였으나 누구도 그 중요성을 깨닫지 못했던 것 같다.

제너가 우두에 관한 정보를 모으기 시작한 것은 아마 1775년부터라고 생각되기 때문에 종두를 처음 실행한 것은 그보다 훨씬 후인 1796년의 일이었을 것이다. 따라서 우유 짜는 여인이 우연히 들려준 말이 제너의 주의를 끌어서 정말로 우두에 의한 천연두의 예방에 착안하게 되었는지를 증명하기 어렵다. 그러나 우두가 천연두를 예방한다는 것은 글라스터셔(Gloucestershire)의 시골 지방에서는 매우 널리 믿어지고 있었으므로 제너는 가령

Caricaturist, 1840

길리의 만화 「제너와 천연두」

우유 짜는 여인이 아니라도 아마 다른 마을 사람들로부터 이것
을 들었으리라고 생각한다.

새로운 의학적 치료법의 가치는 오래 시행한 뒤가 아니면 올
바르게 평가될 수 없다. 종두는 1948년까지 길고 긴 시행을
거듭해왔다. 그해 영국 의사회의 회장은 제너에게 다음과 같이
깊은 감사의 말을 보냈다.

18세기 말은 실험 의학에 있어서 하나의 결정적이며 획기적인
모험으로 뚜렷한 자취를 남기고 있다. 그것은 19세기와 20세기에

일어난 여러 승리의 예언적인 서곡이었으며 지금까지도 예방 의학 상의 전무후무한 성과로서 알려져 있다(그 모험이란 바로 에드워드 제너가 우두를 사용한 실험인 것이다).*

---

* 「영국의학지」, British Medical Journal, 1948

6. 뚜껑 달린 위

18세기 중엽까지는 음식이 위에 머물러 있는 동안 어떤 작용을 받는지 아무것도 알지 못했다. 많은 사람은 위의 근육이 움직여서 음식을 혼합시키며 소화되기 쉽게 한다고 생각했다. 어떤 사람은 음식은 위 속에서 단지 썩을 뿐이라고 했다. 이밖에도 여러 가지 해석이 있었다. 이 방면의 지식이 크게 진보한 것은 1750년쯤 어떤 프랑스 사람이 새를 가지고 실험했을 무렵이다. 그는 새의 위에서 위액을 조금 채취한 뒤 시험관에 넣었다. 여기에 여러 가지 종류의 음식을 넣어 보았더니 위액이 그 대부분을 녹이고 말았다. 그 후 이탈리아의 과학자는 다른 실험을 해서 위액이 위 자체에서 분비된다는 것을 밝혀냈다.

총의 오발로 배에 큰 구멍이 나다

1822년에 무서운 사고가 일어났는데 이것이 후에 소화 과정에 관한 지식을 훨씬 넓히는 계기가 되었다.[*] 사고가 일어난 곳은 미시간호(Lake Michigan)와 휴런호(Lake Huron)라는 두 개의 큰 호수의 수로가 연결되는 곳에 있는 매키노(Mackinac)라는 마을이었다. 매키노는 당시 「아메리칸 모피회사(American Fur Company)」의 거래소였다. 여기는 일찍이 백인과 인디언 사이에 싸움이 일어났을 뿐만 아니라 이 지역의 지배를 둘러싸고 영국인과 프랑스인 사이에도 전투가 거듭된 곳이었다. 당시에는 아직 요새에 수비대가 주둔하고 있었다.

---

[*] W. 보먼트, 「위액에 관한 실험과 관찰」, W. Beaumont, Experiments and Observations on the Gastric Juice 1838

1822년 6월, 이 마을에는 겨울 동안에 잡은 동물의 생피(生皮)와 모피 등을 거래하려는 포수나 뭇 사냥꾼들이 많이 모여 있었다. 카누나 보트가 강가에 즐비했고, 아메리칸 모피회사의 점포는 사람들(여행객, 인디언과 약간의 병사들도 있었다)로 붐볐다. 점포 안에는 많은 사람 틈에 낀 알렉시스 생마르탱(Alexis Saint-Martin)이라는 19세의 프랑스계 캐나다 사람이 있었다.

한 목격자가 이때 일어난 일을 다음과 같이 쓰고 있다.

그중 한 사람이 산탄총을 가지고 있었는데 그것이 잘못 발사되어 탄환이 모조리 생마르탱의 몸속으로 박혔다. 총구는 그로부터 1m 밖에 떨어져 있지 않았다(내가 보기에는 60㎝도 떨어져 있지 않았다고 생각되었다). 탄환은 모두 그의 몸에 박혀 의복도 산산조각이 되어버렸다. 셔츠에 불이 붙었고 그는 쓰러지고 말았다. 우리는 그가 틀림없이 죽었다고 생각했다.

의사를 부르기 위해 요새에 사람을 보냈고 3분도 채 안 되어 윌리엄 보먼트(William Beaumont, 1785~1853) 박사가 현장에 달려왔다. 그는 알렉시스의 상처를 붕대로 감으면서 말했다. "이 사람은 36시간도 살기가 어렵습니다. 그 안에 다시 보러 오지요." 어쨌든 한 발의 대형 산탄은 근육을 긁어내고 어른의 머리보다 더 큰 구멍을 만들었다. 이것은 제6 늑골의 일부를 날려 보내고 다른 늑골에도 금을 가게 했다.

그러나 알렉시스는 죽지 않았다. 1년 동안이나 계속된 신중한 치료를 받고 그는 기적적으로 회복했다. 그러나 둘레 약 6㎝나 되는 구멍을 몸에 남겼다. 붕대나 압박대로 덮지 않으면 위에 들어가 있는 음식이 이 구멍에서 나왔다. 그러나 시간이 흐름에 따라 위의 내면의 막이 성장하여 구멍의 윗면을 덮어

총이 잘못 발사되었다

일종의 뚜껑을 만들었다. 이 뚜껑은 위에 있는 음식물이 밖으로 나오는 것을 방지하였는데 한편 손가락으로 누르면 간단히 안쪽으로 밀어 넣을 수 있었다. 뚜껑을 밀어 넣었을 때 보면트 박사는 위의 내부를 환히 들여다볼 수 있었다.

노출된 위로 소화 과정을 연구하다

당시의 한 저술자가 쓴 글*처럼 「건강한 위 속에서 일어나는 일을 볼 수 있다는 것은 참으로 신기한 일」이다. 그러나 그 때까지도 이런 일이 가능한 경우가 몇 번 있었지만 가치 있는 결과는 거의 얻지 못했다. 보면트 박사는 생마르탱이 완전히 건강과 체력을 회복한 후 그의 위의 내부를 계속해서 주의 깊

* 콤, 「소화의 생리」, A. Combe, "The Physiology of Digestion", 1836

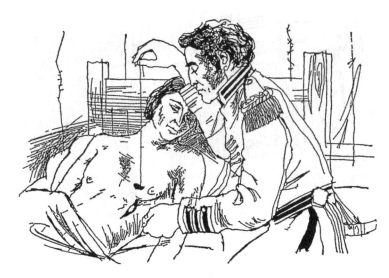

실에 매단 고기 조각을 위 속으로 넣었다

게 관찰하고 또 소화에 관한 실험을 할 것을 결심했다.

그의 최초의 실험 중 하나에서는

생마르탱을 몇 시간 굶게 한 다음 구멍을 왼편으로 해서 눕게 하고 강한 광선을 비춰서 위 속이 똑똑히 보이도록 했다. 보먼트 박사는 위 속에 있는 것이 약간 신맛을 띤 점액에 침이 섞인 것이라는 사실을 알아냈다. 어느 경우에도 본래의 위액은 전혀 괴어 있지 않았다.

이 사실로부터 위는 소화해야 할 음식물이 없을 때는 위액을 분비하지 않고, 또 위액은 다음 식사에 대비해서 만들어져 저장되는 것이 아니라는 점이 확실해졌다.

후에 그는 보통 식사 때와 마찬가지로 여러 가지 종류의 음식을 동시에 먹을 경우에 어떠한 일이 일어나는지를 조사하기 위해서 많은 실험을 했다.

그는 한 종류의 음식이 완전히 소화되고 나서 다른 음식의 소화 과정이 시작되는 것인지, 그렇지 않으면 한 번의 식사에서 먹은 여러 가지 음식이 모두 동시에 소화되는 것인지를 알아보기로 했다. 이것을 조사하기 위해 간단한 실험을 했다.

1825년 8월 1일 정오쯤 나는 다음의 음식을 한 가닥의 명주실에 달아매어 구멍을 통해서 위 속으로 넣었다. 음식이 구멍을 통하는 동안 아픔을 느끼지 않도록 적당한 거리를 두고 동여매었다. 즉 이것은 양념을 많이 한 쇠고기(A La Mode) 한 조각, 소금에 간한 날 돼지고기의 비계 한 조각, 소금으로 간한 날 쇠고기의 살코기 한 조각, 데쳐서 소금으로 간한 쇠고기 한 조각, 오래된 빵 한 조각, 날로 잘게 썬 양배추(Cabbage) 한 줌이었다. 각각 한 조각의 무게는 약 2드램(DRAM, 3.9g)이었다. 젊은이는 이 처치를 받은 다음 자기 집 근처에서 여느 때와 마찬가지로 일을 계속했다. 오후 1시에 나는 이것들을 꺼내어 조사했다. 양배추와 빵은 반쯤 소화되어 있었으나 고기 조각은 변화하지 않았다. 나는 그것들을 위 속에 다시 넣었다. 오후 2시에 다시 그것들을 꺼내 보았더니 양배추, 빵, 돼지고기, 데친 쇠고기는 모두 말끔히 소화되어 실에서 떨어져 있었다. 다른 고기 조각들은 조금밖에는 변화하지 않았다. 나는 이것들을 또다시 위 속에 넣었다.

좀 더 있다가 다시 꺼내어 조사해보니 양념을 많이 한 쇠고기는 일부 소화되었고, 날 쇠고기는 표면이 약간 부드럽게 되었지만, 전체의 조직은 딱딱한 채로 전과 다름이 없었다. 나는 이것들을 위 속에 도로 넣었다.

이 실험은 이제까지 인간을 대상으로 한 실험 중에서 가장 재미있는 것 중 하나였다.

위액의 작용을 조사하다

이후 위액이 어떠한 작용을 하는지 알고 싶었다. 가장 간단한 방법은 위액을 위에서 조금 채취하여 시험관 속에서 음식물에 어떻게 작용하는지를 보는 것으로 생각했다. 그러나 그에게는 그보다 앞서 해야 할 일이 있었다. 위 속에 있는 위액은 따뜻하다. 그러므로 찬 위액은 이것과 다르게 작용할 가능성이 있다. 그래서 실험을 두 부분으로 나눠 보았다.

8월 7일 오전 11시. 예의 젊은이를 미리 17시간 굶게 한 다음, 나는 구멍을 통해 온도계를 위 속에 꽂았다. 위의 본래의 온도를 확실히 알기 위해 유리관의 거의 전부를 집어넣었다. 15분쯤이나 그보다 못 미쳐서 수은은 100℉(37.8℃)까지 올라가고 그다음에는 변화하지 않았다.

다음에 나는 유리관을 집어넣어서 순수한 위액 30g을 채취했다. 다음에는 데쳐서 소금으로 간한 쇠고기 한 조각을 플라스크 안의 위액 속에 넣고 가열해서 100℉의 일정 온도로 유지했다. 40분이 지나자 고기의 표면에 소화가 시작되는 것이 확실해졌다.

오후 1시에는 세포조직이 완전히 파괴된 것처럼 보였다. 근육섬유는 물러져서 너덜너덜해졌고 가늘고 작은 조각이 되었으며 매우 연하게 되었다. 9시에는 고기의 모든 부분이 완전히 소화되었다.

또 다른 짧은 실험에서 보먼트 박사는 위액의 또 다른 성질을 연구했다. 그는 위액이 식사 전에 위 속에 괴는 것인지 아니면 알렉시스가 먹기 시작할 때만 만들어져 나오는 것인지를 밝혀내고 싶었다.

1830년 3월 11일 오전 10시. 위는 비어 있었다. 나는 그의 위 속에 유리관을 넣어 보았지만, 위액은 한 방울도 나오지 않았다. 빵 부스러기 몇 개를 위의 내벽에 닿게 했더니 위액이 고이기 시작했고 위액이 관을 통해서 흘러나왔다.

다음에 그는 실제로 식사를 한 다음 위 속에서 어떠한 일이 일어나는지 조사해 보았다. 상세한 것을 다음과 같다.

4월 9일 오후 3시. 그는 점심으로 건대구 찜, 감자, 네덜란드 방풍나물, 버터 바른 빵을 먹었다. 3시 30분에 나는 그의 위를 조사하여 그 속에 일부를 꺼냈다. 그것은 반쯤 소화되어 있었으나 먹은 것 중에서는 감자가 가장 소화되지 않았다. 대구는 작은 줄기로 풀려 있었다. 빵과 네덜란드 방풍나물은 이미 알아볼 수 없었다.

4시에 나는 다시 그 일부를 꺼내 조사했다. 소화는 규칙적으로 진행되어 생선의 알맹이도 본래의 조직이 있는 것은 거의 없었다. 감자의 알맹이는 확실히 알아볼 수 있는 것이 약간 있었다.

4시 30분에 나는 다시 일부를 꺼내 살펴보았다. 전부가 완전히 소화되어 있었다. 5시에 위는 텅 비어 있었다.

이상의 실험은 보먼트 박사가 행한 많은 실험 중 일부에 지나지 않으나 이것만으로도 그가 인간의 소화연구에 얼마만큼 훌륭한 공헌을 하였는지를 알 수 있을 것이다. 어떤 의학사가(醫學史家)는 다음과 같이 쓰고 있다.

매우 중요한 이 연구와 실험자가 이 일을 완성하기까지 겪어야만 했던 많은 곤란[그것은 먼저 미시간의 원시림 속의 외딴 수비대 주문지에서 시작하여 환자를 따라 프래츠버그(Prattsburg) 병영까지 3,200㎞ 가까이 운반한 곳에서 겨우 멈췄다]은 그의 체험을 의학사상(醫學史上) 가장 낭만적인 에피소드로 만들고 있다.

7. 석유—옛날에는 약, 지금은 연료

백인이 북아메리카를 점령하기 훨씬 전부터 인디언들은 원유를 모아 류머티즘 치료용의 바르는 약으로 사용했다. 원유는 인디언 국가의 몇몇 지방에서 수면(水面)에 찌꺼기처럼 떠서 산출되었다. 19세기 초에는 일부 미국 사람들도 이것을 약으로 사용하였고 세네카(Seneca) 유(油)라고 불렀다. 이 이름이 쓰인 것은 아마도 세네카 족 인디언이 그것을 사용하였거나 혹은 세네카 호(Lake Seneca) 근처의 물에서 산출되었기 때문이리라.

원유는 지하의 암석 중에 존재하며 지하수와 함께 지면에 스며 나온다. 원유는 훨씬 예전부터 알려져 광물유(Mineal Oil), 암석유(Rock Oil), 침출유(浸出油, Seepage, Oil) 등 여러 가지 이름으로 불렸다. 오늘날 이것은 석유(Petroleum)의 원료가 되지만 'Petroleum'이라는 말은 두 개의 라틴어, 즉 바위를 의미하는 페트라(Petra)와 기름을 의미하는 올레움(Oleum)에서 온 것이다.

식염도 원유와 함께 지하의 곳곳에 존재한다. 식염은 건강을 유지하는 데 절대 필요한 것으로 이것을 채취하는 일은 옛날부터 언제나 중요한 산업이 되어왔다. 북아메리카에서는 식염을 모으기 위해 지면에 우물을 파고, 식염이 물에 진하게 녹은 소금물(Brine)이라 부르는 액을 펌프로 퍼 올린다. 소금물을 채취하기 위한 우물은 19세기 초에는 북아메리카 각지에 세워져서 데릭(Derrick)이라고 불리는 우물과 커다란 나무 탑이 있는 풍경이 눈을 끌었다. 데릭 속에는 우물을 파는 데 쓰는 천공기의 도르래 장치가 들어있었다. 먼저 지면에 구멍을 파고 필요한 깊이에 이르면 철관을 박아 넣어 내벽으로 했다. 관을 통해 펌프로 소금물을 퍼 올린 다음 그것을 끓여서 고체 식염을 얻는다.

기업가 비슬, 「키어의 록 오일」에 눈독 들이다

약 1850년쯤 사무엘 키어(Samuel H. Kier)라는 피츠버그(Pittsburgh)의 약재상은 아버지의 소금물 우물에서 물에 섞여 나오는 기름이 〈아메리칸 오일(American Oil)〉이라고 불리는 바르는 약과 비슷하다는 것을 알았다.* 그래서 그는 스스로 「아메리칸 오일」을 만들 결심을 했다. 먼저 브라인(Brine, 고밀도 염수)의 표면에서 기름을 건져서 플란넬(Flannel) 헝겊으로 걸렸다. 이렇게 하여 비교적 깨끗한 액체가 얻어졌으므로 병에 담아 약제사나 약재상에 넘겼다. 동시에 그는 지금으로 말하면 선전 활동을 개시하였으나 그것은 그의 예상과는 전혀 다른 결과를 낳았다. 1858년 여름날 장사에 눈치가 빠른 조지 비슬(George H. Bissel, 1821~1884)이라는 사람이 뉴욕의 브로드웨이(Broadway)를 걷고 있었다. 그는 너무 더워서 어느 약재상의 차양 밑에 들어가 햇볕을 피하고 있었는데 마침 쇼윈도 속에 「키어의 록 오일」이라는 라벨이 붙은 병을 보았다. 키어도 빈틈없는 장사꾼이었으므로 자기 약에 좋은 이름을 붙였다. 당시의 많은 사람은 자연이 갖는 치유력에 절대적인 신뢰를 걸고

---

* 기든스, 「석유산업의 탄생」, P. H Giddens, The Birth of Oil Industry, 1938,

게스너, 「석탄, 석유 및 기타 유류에 관한 실용적 논설」, A. Gesner, A Practical Treatie on Coal, Petroleum and Other Distilled Oils, 1861

있었으므로 라벨에는 그 기름이 많은 병을 낫게 하는 힘을 갖고 있다고 쓰여 있었으며 또한 다음과 같은 문구가 있었다.

자연의 신비의 샘에서 얻은 건강의 향유(香油)

사람에게 건강과 생명의 꽃을 피워 주리라.

자연의 심오한 곳에서 마법의 액체는 흘러나와

우리의 괴로움을 덜어주고 우리의 고민을 가라앉히도다.*

키어는 자신의 기름이 천연물임을 강조하기 위해 라벨에 데릭이나 소금물 우물에서 보통 볼 수 있는 여러 가지 물건들을 그림으로 그리고 그 약이 대지의 깊은 곳에서 나왔다는 설명을 붙였다.

이 건강에 좋은 향유는 류머티즘을 고치는 데 뛰어난 약이다. 이것은 화상, 찰상, 절상을 낫게 한다. 또 마시면 신체의 고통을 없애주고 폐결핵을 고쳐줄 것이다.

라고 그는 주장했다.

실리먼 교수의 분석과 예언

그런데 당시 조명 기술이 세상 사람들의 시선을 끌었다. 머독(William Murdoch, 1754~1839)과 그 밖의 사람들은 석탄가스를 쓰면 이전에는 불가능하다고 생각했던 정도의 밝기를 가진 인공의 빛을 얻을 수 있음을 밝혀냈다.** 소수의 과학자들은 여러 가지 타는 액체, 예를 들면 록 오일을 사용할 것을 생각

---

* 「그림런던 뉴스」, The Illustrated London News, 1959
** 『과학사의 뒷얘기 1』(화학), 13장 참조

하고 있었으나 브로드웨이를 지나가던 그 날까지 조지 비슬은
기름을 쓰는 조명이 연구할 가치가 있는 상업적 기획이라고 생
각해보지 못했다. 충분한 기름을 찾기 어렵기 때문이었다.

　라벨에 그려진 그림을 보고 그의 생각은 바뀌었다. 록 오일
도 식염과 마찬가지로 지하에 있다고 생각했다. 그렇다면 소금
물을 얻는데 쓰는 방법으로 그것을 지면까지 퍼 올릴 수 있지
않을까? 그러나 그전에 먼저 록 오일이 조명에 적합한지를 알
아보기로 마음먹었다. 그래서 그는 키어의 기름을 한 병 사서
실리먼(Benjamin Sillim, Jr. 1779~1864)이라는 저명한 화학 교
수에게 보내 분석을 의뢰했다.

　교수는 그 록 오일을 증류하였더니 매우 뛰어난 조명용 연료
가 얻어졌다고 보고하였으며 지금도 유명한 다음과 같은 말을
덧붙였다.

　　나에게는 귀하의 회사가 간단하고 과히 비용이 들지 않는 처리로
매우 귀중한 제품을 제조할 수 있는 원료를 손에 넣었다고 확신해
도 좋은 근거가 충분히 있습니다.

　　원료의 거의 전부가 낭비 없이 제품으로 제조될 수 있는 것, 더
욱이 그것이 매우 관리하기 쉬운 과정, 사실상 모든 화학적 과정
가운데서 가장 간단한 것 중 하나로 달성될 수 있다는 것을 나의
실험이 증명하고 있는 점은 주목할 가치가 있습니다.

　간단한 처리로 아마도 그 기름으로부터 많은 귀중한 제품을
얻을 수 있을 것이라는 실리먼 교수의 보고는 그때까지 화학자
가 내린 예언 가운데 가장 뛰어난 것이었다. 그로부터 1세기가
지난 1959년에 한 신문은 이 예언을 「후에 완전히 진실임이 증
명된 것으로서 방대한 석유산업을 성장시킨 바탕이 되었다」라고

기술했다. 이것은 「아마 지금까지 쓰인 어떤 말보다도 잘 들어 맞았으며 인간의 생활과 습관을 변화시켰을 것이다. 그때까지 원유는 램프의 연료나 효능이 의심스러운 약 또는 인디언 용사들이 싸울 때 장식하는 그림물감 정도의 용도밖에 없었다.」

드레이크, 석유를 캐내다

비슬이 세운 회사는 펜실베이니아(Pennsylvania)주 타이터스빌(Titusville)의 오일 크리크(Oil Creek)에 토지를 사서 드레이크(Edwin Laurentine Drake, 1819~1880)라는 사람을 고용하여 일을 시켰다. 부하에게 좋은 인상을 주기 위하여 그에게 대령이라는 「의례적인 칭호」가 주어졌다.

드레이크는 오일 크리크에 데릭을 세웠으나 자신의 진짜 목적을 감추기 위하여 소금물 우물을 하나 더 파고 있을 뿐이라는 소문을 퍼뜨렸다. 그는 수십 일 동안 계속해서 팠다. 1859년 8월의 마지막 토요일은 주말이었기 때문에 작업을 쉬었을 때는 20m나 깊이 파고 들어갔다. 낮 작업이 끝나기 직전에는 드릴(Drill)이 틈새에 부딪혀서 약 15cm만큼 먹어 들어가 구멍을 좀 더 깊게 했다. 사람들은 여느 때와 마찬가지로 일손을 떼고 제각기 집으로 돌아갔다. 소금물을 찾아내기까지는 아직도 몇 주일을 더 파지 않으면 안 되리라 생각했다. 다음날 「스미드 할아버지」라고 불리는 한 노동자가 여느 때처럼 일요일 산책 도중에 데릭 옆을 지나갔다. 그는 호기심이 들어 그 안에 들어가 구멍 속을 내려다보았는데 놀랍게도 진한 황갈색의 액체가 두꺼운 층이 떠 있었다. 그는 빈 통을 조심스럽게 내려서 표면에 떠있는 액을 담았다. 통은 록 오일로 가득 찼다.

「양키가 기름을 파냈다!」

스미드 할아버지는 자신의 발견을 알리려고 달음질쳤다. 달리면서 「양키가 기름을 파냈다!」라고 외쳤다. 양키(Yankee, 본래 미국 북동부 뉴잉글랜드 지방의 주민을 가리킨다)인 드레익 대령은 진짜로 석유로 파냈다. 사실 그는 매우 운이 좋았다. 아주 우연이지만 원유가 그토록 얕은 곳에 있는 건 그 근처에는 한 군데뿐이었는데, 그는 바로 그곳에 우물을 팠던 것이다. 그 뒤의 조사로 밝혀진 것이지만 이 근처 수 킬로미터에 걸친 지역의 다른 어디를 파더라도 원유를 포함한 층에 도달하기까지는 25m는커녕 330m 이상 파지 않으면 안 되었을 것이다.

이것은 분명히 석유를 얻을 목적으로 판 최초의 우물이었다.

곧 하루 약 1,500리터를 산출했고, 약 9개월 동안 이 산출량
이 유지되었다.

　석유가 그처럼 많이 났다는 뉴스는 커다란 흥분을 불러일으
켰다. 더구나 그것이 새로운 조명용 연료가 된다는 것을 사람
들이 알아차렸을 때 흥분은 한층 더 고조되었다. 곧 다른 많은
지방에서 더 깊은 우물을 팠다. 그 가운데는 깊이 330m를 넘
는 것도 있었다. 추가 함유층을 뚫었을 때 석유가 무서운 힘으
로 뿜어 나왔기 때문이다.

진상을 둘러싸고

　이 이야기에도 여러 가지 논란이 있다. 그중 하나는 지금까
지 소개한 것과 매우 비슷하지만, 비슬이 그의 록 오일을 상세
하게 기술한 선전지에서 힌트를 얻었다고 되어 있는 점이 다르
다. 또 다른 이야기에서는 비슬이 그 병 옆에 붙은 광고 포스
트에 눈이 끌렸다고 한다. 그것은 당시 400달러의 은행지폐와
비슷했다. 거기에는 데릭이나 소금물 우물에 사용되는 다른 장
치의 그림과 함께 그 록 오일의 놀랄만한 효능에 관한 설명이
붙어 있었다. 병에는 많은 병을 고치는 천연의 약이 들어있다
는 글도 덧붙여 쓰여 있었다.

　어떤 이야기에서도 키어의 록 오일의 광고가 비슬의 주의를
끌어 처음으로 석유를 얻을 목적으로 우물을 팔 가능성을 생각
했다는 점에서는 일치하고 있다. 그것들은 또한 타이터스빌의
우물이 이 특별한 목적 때문에 판 최초의 우물이라는 점에서도
일치하고 있다. 이 사건은 매우 중요하며 한 석유 역사가는 이
렇게 평할 정도였다. 「1859년 8월 28일에 미국의 석유산업이

탄생했다.」

비슬과 드레이크는 서로 다른 말을 하고 있다. 비슬은 한 약제사의 점포에서 「무스탕 리니멘트(Mustang Liniment)」(야생마표 바르는 약의 뜻으로 역시 록 오일의 한 상품명)의 병을 보고 곧장 이 약을 연료에도 쓸 수 있음을 깨달았다고 말한다. 그래서 그가 이 바르는 약을 어떤 분석가에게 보냈더니 분석가는 이 기름은 틀림없이 좋은 조명용 연료가 될 것이라고 보고해 왔다.

한편 드레이크 쪽에서는 그 자신이 약병에서 데릭의 그림을 그린 라벨이 붙은 병을 보았다고 말한다. 그 데릭을 보고 드레이크는 소금물이 아닌 석유를 얻기 위해 우물을 팔 것을 생각했다고 한다.

오일 러시, 시작되다

드레이크가 석유를 발견했다는 뉴스는 급속히 퍼져서 곧 석유 탐광자들의 최초의 열풍이 시작되었다. 그로부터 5년 이내에 600개에 가까운 석유회사가 세워졌다고 한다. 얼마 전까지만 해도 거의 사막에 가까웠던 곳에 새로운 마을이 우후죽순처럼 생겨났다. 토지매매의 투기가 크게 유행했다. 건전한 석유회사뿐만 아니라 거품과 같은 회사도 생겼다가 없어지고, 사람들은 갑자기 벼락부자가 되기도 했다. 인간은 새로운 연료를 손에 넣었다. 그것은 미래의 세대에 훌륭한 봉사를 하게 되었다.

8. 기회는 준비된 사람에게만 주어진다

1854년 프랑스의 젊은 지도적인 과학자인 루이 파스퇴르(Louis Pasteur, 1822~1895)는 릴(Lille) 대학의 화학 교수로 임명되었다. 2년 후에 한 양조업자가 그의 실험실을 방문해 새로운 종류의 과학 연구를 해보는 것이 어떠냐고 권했다. 이 연구는 후에 여러 의학상의 발견을 낳게 한 계기가 되었다.

이 양조업자는 파스퇴르에게 포도주를 보존해 두면 어째서시게 되는지 그 이유를 조사해 달라고 부탁했다. 곧 파스퇴르는 우유가 상하는 이유도 함께 연구하게 되었다. 훨씬 뒤에 프랑스의 생사제조가들에게 큰 손해를 입힌 심한 누에의 병에 관해서 연구하도록 의뢰를 받았다.

파스퇴르는 이 문제들이 모두 아주 작은 생물의 존재와 관련이 있다는 것을 깨달았다. 이것들은 현미경을 사용하지 않으면보이지 않을 만큼 작은 것이었으므로 「미생물」이라고 불렸다. 다른 이름으로는 「박테리아」 또는 「세균」이라고도 한다. 박테리아의 연구는 매우 매력적이었으므로 결국 파스퇴르는 박테리아가 전염병에 어떠한 역할을 하는지 연구하는 데 대부분 시간을보냈다.*

---

* 발레리-라도, 「파스퇴르의 생애」, R. Valléry-Radot, Life of pasteur, 1902
  프랭클런드, 「파스퇴르 기념 강연」, P. Frank-land, The Pasteur Memorial Lecture, 1897

무서운 닭 콜레라

이러한 전염병 중에 닭 콜레라(Fowl Cholera)라고 불리는 것
이 있었다. 이것은 닭이 걸리는 병으로서 콜레라라고는 하지만
사람이 걸리는 콜레라와는 관계가 없다.

프랑스의 농부들은 닭 콜레라의 유행을 매우 무서워했다. 왜
냐하면 이 병이 아주 심하게 유행할 때는 닭 100마리 중의 90
마리나 죽는 일이 있었기 때문이다. 이 병에 걸린 닭은 아차
하는 순간에 죽어버렸다. 닭들은 혈기왕성했다가도 그다음 날
에는 밭과 닭장에 시체가 즐비하게 널려 있을 정도였다. 병에
걸린 닭은 보기만 해도 곧 알 수 있었다. 날개를 늘어뜨리고
온몸의 깃털을 세우고는 고무공처럼 부풀어 올랐기 때문이다.
곧 잠에 빠지고 대개는 죽어버린다. 당시 이 병에 의한 프랑스
닭의 연간 사망률은 모든 원인을 포함한 전 사망률의 10%를
차지했다는 보고를 보면 이 병이 얼마나 심각했는지를 판단할
수 있다.

파스퇴르는 병에 걸린 수평아리의 벼슬에서 피를 몇 방울 채
취해서 이것을 닭고기 수프에 떨어뜨렸다. 혈액 중의 세균은
급속히 번식하기 시작하였고 짧은 시간 안에 대량의 세균이 배
양되었다.* 이 방법으로 파스퇴르는 실험에 충분한 양의 닭 콜

---

* 파스퇴르는 많은 병이 세균에 의해서 생긴다고 굳게 믿었지만 어떤 종
류의 세균을 배양하면 일종의 독소가 만들어지고 이 독이 병의 직접적인
원인이 될 수도 있다고 생각했다. 그는 이 독소를 바이러스(Virus)라고 불
렀는데, 오늘날은 바이러스라고 하면 세균보다 더 작고 보통 현미경으로
볼 수 없을 정도의 극도로 미소한 물질을 말한다. 전에는 세균에 의해서
일어난다고 생각했던 병 가운데 실은 바이러스가 원인이 되어 일어나는
것이 많이 있었다.

레라균을 준비할 수 있었다.

그는 배양된 세균을 함유한 수프를 빵조각에 조금 떨어뜨리고 이것을 몇 마리의 닭에게 먹였다. 이 닭은 병에 걸려 곧 죽어버렸다. 파스퇴르는 이것으로 무서운 닭 콜레라균을 인공적으로 배양했음을 확인했다. 이렇게 언제든지 닭에게 병을 옮길 수 있게 되었다.

그는 이 무서운 맹독의 배양균을 사용하여 얼마 동안 실험을 계속하다가 몇 주간 중단했다. 그동안 쓰지 않은 균은 실험실 안에서 공기에 노출된 채 방치되었다.

오래된 배양균이 뜻밖의 발견을 가져오다

얼마 후 파스퇴르는 이 실험을 다시 시작했는데 새로 균을 배양하지 않고 먼저 쓰다 남은 것을 썼다.

그는 전혀 알아차리지 못했으나 이것이야말로 정말 행운이었다. 그것은 그에게 모든 의학상의 발견 중 가장 큰 것을 성취하게 했다.

파스퇴르는 쓰다 남은 배양균을 다시 몇 마리의 암탉에게 먹였다. 그는 먼젓번과 같이 암탉이 무서운 병에 걸려 죽으리라고 예상했다. 그러나 암탉은 약간 아픈 듯하다가 곧 회복했다. 갓 만들었을 때는 확실히 닭의 목숨을 빼앗은 배양균이었지만 오래되었기 때문에 병을 일으키는 힘이 없어진 것처럼 보였다.

이 일이 일어나기 몇 년 전에 파스퇴르는 지금도 잘 알려진 이야기를 한 적이 있다.

'관찰의 분야에서 기회는 준비된 사람에게만 베풀어진다.' 그는 스스로 이 말이 진실임을 보여주었다. 그는 우연히 몇 주일

파스퇴르는 오래된 닭 콜레라 배양균을 닭에
게 먹였다

동안 공기에 노출된 채 방치되었던 배양균이 새로 만든 균과는
달라졌다는 것을 발견했다. 그러나 어떤 결정적인 결론을 내리
기 전에 먼저 자기가 발견한 사실을 재확인했다. 그는 새로 닭
콜레라균을 배양해서 몇 개의 시험관에 나누어 넣었다.

　어느 시험관에도 마개를 막지 않았다. 그날 그는 곧 한 시험
관 속의 배양균을 암탉 몇 마리에게 주었다. 10마리 가운데 8
마리가 죽었다. 며칠이 지나 그는 다른 시험관의 배양균을 또
다른 10마리의 암탉에게 주었다. 그중 5마리가 죽었다. 다른
시험관의 배양균도 처음에는 며칠 간격을 두고, 다음에는 몇

주일을 두고 차례차례로 써 갔다. 예상한 대로 그는 배양균을 공기 속에 노출하면 암탉에 심한 병을 일으키는 힘이 점점 약해진다는 사실을 알아냈다. 마지막에는 암탉은 가벼운 병에만 걸릴 뿐 곧 회복되었다.

다음에 파스퇴르는 이전부터 전염병에 관해서 깊이 알고 있었던 덕분에 자신의 관찰을 이용할 「준비가 되어」 있었다는 것을 밝혔다. 그는 제너가 우두에 걸린 사람은 거의 천연두에 걸리지 않는다는 것을 발견했던 것을 상기하였다(5장 참조). 그래서 그는 만약 닭에게 가벼운 닭 콜레라에 걸리게 하면 회복된 뒤에는 같은 병에 심하게 걸리지는 않을 것을 생각했다. 즉 닭은 이미 그 병에 가볍게 걸린 적 있기 때문에 이 병을 막는 힘, 다시 말하면 면역을 얻고 있는 것이리라.

그래서 그는 몇 마리의 암탉에게 오래된 닭 콜레라의 배양균을 주어서 가볍게 발병한 뒤 회복되기를 기다렸다. 다음에는 암탉들에게 새로 만든 맹독의 균을 주었다. 이번에는 암탉들이 살아남았다. 그것을 보고 그는 기뻐했다. 공기에 노출한 오래된 배양균을 미리 먹었던 덕택에 암탉들은 닭 콜레라에 걸리지 않은 것이다(그는 목숨을 빼앗는 병을 몰아내는 방법을 발견했다).

파스퇴르와 제너

파스퇴르는 제너의 아이디어를 사용하였으므로 제너를 칭찬하고 싶다고 생각하여 자신의 방법을 예방 접종이라고 이름 붙였으며, 가벼운 병을 일으키고 면역을 얻게 하는 배양균을 백신(Vaccine)이라고 불렀다.

어느 쪽이나 라틴어로 암소를 뜻하는 "Vacca"에서 딴 것으로 이것은 제너가 우두의 고름을 사용한 것을 상기한다.

그러나 파스퇴르의 예방접종과 제너의 발견 사이에는 중요한 차이점이 한 가지 있었다. 제너는 우연히 단 하나의 병(천연두)만을 막는 백신을 발견했다. 다른 전염병을 예방하는 방법이 그 이상 진보하느냐 안 하느냐는 오로지 자연이 이 병들에 대해서 마련한 효과적인 백신을, 또 우연한 기회에 발견하는 것에 달려 있다고 생각했다.

그런데 파스퇴르는 그런 우연한 기회를 기다릴 생각은 없었다. 그 대신 그는 닭 콜레라 배양균을 사용한 실험에서 얻은 지식과 아이디어를 다른 전염병의 병원균 배양에 응용했다. 그는 곧 '공기에 노출해둔다'는 간단한 방법은 어떤 전염병의 배양균에 대해서도 잘 적용되는 것은 아님을 알았다.

그러나 더 실험을 진행한 결과 그는 몇 가지 무서운 전염병의 백신을 만드는 새로운 방법을 발견했다.

그쯤 파스퇴르는 프랑스 농민들을 자주 파멸 상태에 몰아넣은 무서운 병과 싸우는 방법을 연구하고 있었다. 그것은 탄저병(Anthrax)이라고 부르는 가축의 전염병으로서 심히 유행할 때는 수천 마리의 면양, 소, 말들이 죽었다. 그는 실험실 내에서 이 병의 백신을 만드는 방법을 발견했다. 파스퇴르가 이것을 얼마나 훌륭하게 사용했던가는 다음 장에서 언급하기로 하겠다.

9. 예방접종의 공개실험

과학사(科學史)를 보면 과학자가 공개 장소에서 자신의 이론이 옳다는 것을 증명하라고 도전받는 일이 간혹 있다. 몇몇 과학자들은 많은 구경꾼 앞에서 대규모적인 실험을 할 때의 조건은 설비가 좋고 편리한 실험실에서 관계자끼리 실험할 때 갖추어지는 조건과 전혀 다르다는 것을 알면서도 감히 그 도전을 받아들였다. 1881년 프랑스에서는 하나의 도전이 제안되고 받아들여졌다. 이 실험은 세계적인 시선을 끌었다.

파스퇴르, 탄저병 백신을 만들다

1881년까지는 파스퇴르 교수의 과학적인 업적(8장 참조)이 널리 알려지고, 한 유명한 신문은 그를 「프랑스 과학의 영광의 하나」라고 부를 정도였다. 면양의 탄저병에 관한 그의 이론은 여기저기서 논의되고 있었다.

탄저병은 일반 농가에 있어서 공포의 대상이었으나 특히 면양을 기르는 사람이 무서워했다. 이 병으로 목양업자(牧羊業者)의 손해는 연간 수백만 프랑에 이른다고 추산되었다. 탄저병에 걸린 면양은 곧 다리가 몹시 약해지고 무리를 따라다닐 수 없게 되며 비틀거리다가는 몸을 떨고 괴로워 허덕였다. 또 갑자기 죽기 때문에 양치기는 자기가 기르는 양이 계속 쓰러지는 것을 보고 비로소 양 떼가 병에 걸렸다는 것을 알아차리는 경우도 많았다.

파스퇴르는 자신의 연구에서, 세균이 탄저병으로 죽은 동물로부터 살아있는 동물에게로 옮겨져 이 병이 퍼지는 것이라고 결론지었다. 그러므로 건강한 동물이 균에 오염된 목초지의 풀 (예를 들면 탄저병으로 죽은 동물이 묻힌 땅에 자란 풀)을 먹으면 곧 전염되리라 생각했다. 왜냐하면 그런 땅에서는 병으로 죽은 동물의 몸을 먹고 사는 벌레가 세균을 몸에 지니고 지면에 나오기 때문이다.

파스퇴르는 탄저병의 백신을 만드는 데 성공하였다(8장 참조). 그러나 많은 의사나 수의사들은 그의 백신을 사용하는 것에 반대했다. 더구나 파스퇴르는 비판에 전혀 귀를 기울이려고 하지 않았으므로 그의 이론은 더욱 사람들에게 받아들여지지 않았다.

파스퇴르, 공개실험의 도전에 응하다

어느 날 파스퇴르는 면양을 우리 속에 넣을 계절이 오면 자신의 백신을 대규모로 사용하고 싶다고 말했다. 어떤 수의사가 잘됐다는 듯 말끝을 잡고 자기가 공개실험을 주선해보겠다고 제안해 왔다. 그는 만약 파스퇴르의 발견이 진짜라면 동료 과학자들뿐만 아니라 목축업자들에게도 이용되어야 한다고 말했다. 많은 농가와 기타 관계자들이 실험에 쓰일 돈을 대겠다고 약속했다. 또한 믈렁(Melun)의 농업회는 이 실험을 주체하는 데 동의했다.*

파스퇴르는 많은 의사나 수의사(그리고 아마 주최자 자신도)가 실험이 실패하길 바라고 있음을 알고 있었다. 또 그의 방법이 많은 웃음거리가 된다는 것도 알고 있었다. 그러나 그는 성공

---

* R. 발레리-라도, 「파스퇴르」, R. Valléry-Radot, Pasteur,
  R. 발레리-라도, 「파스퇴르의 생애」,
  P 프랭클런드, 「파스퇴르기념강연」

을 자신했다. 실험실 안에서 14마리의 면양으로 성공하였다면 목장에 있는 50마리의 면양도 똑같이 성공하리라 믿고 있었다. 그래서 그는 실패하면 비웃음을 받으리라는 것을 알고 있었음에도 이 위험한 도전을 쾌히 받아들였다.

그는 실험을 승낙하였을 뿐만 아니라 전혀 필요가 없는 일까지도 했다. 이러이러한 날에 그가 무엇을 할 것이며 또 어떤 일이 일어날 것이라는 프로그램을 자세히 써냈다. 이렇게 되니 어떤 작은 실패라도 변명은 허용되지 않게 되었다. 파스퇴르의 친구 중 한 사람이 말한 것처럼 그는 배수의 진을 쳤다. 한 의학 잡지의 편집자는 이렇게 썼다.

만약 그가 성공한다면 그는 조국에 막대한 이익을 가져다줄 것이다. 그의 적은 옛날처럼 그의 머리 위에 월계수 잎으로 만든 관을 씌우고 불멸의 승리자가 탔던 전차 뒤에서 쇠사슬에 묶여 머리를 떨구고 따라갈 각오를 해야 할 것이다. 그는 성공하지 않으면 안 된다. 지금 말한 것은 승리에 대한 보상이다. 파스퇴르 씨여, 타르페이아(Tarpeia)의 바위는 카피톨(Capitol)의 옆에 있다는 것을 잊지 말지어다.*

파스퇴르의 대승리

공개실험의 주선을 맡고 나선 예의 수의사는 다시 그 장소로 푸이 르포르(Pouilly Le Fort)에 있는 자신의 목장을 제공했다.

---

* 타르페이아의 바위는 고대 로마의 처형장으로 반역자는 이 바위 위에서 떨어져 죽었다. 카피톨은 이 바위에서 수 미터 떨어져 있는 신전인데, 승리를 거두고 개선한 사람이 공식적인 의식으로써 환영받던 영예의 장소였다. 위의 구절은 치욕의 죽음과 찬란한 명예가 나란히 있는 것을 뜻한다.

푸이 르포르는 믈렁 근처에 있는 마을로서 쉽게 갈 수 있는 곳이었다. 1881년 5월 5일에 실험 준비는 모두 완료되었다. 프랑스의 신문은 이것을 대대적으로 선전하였고 관심은 영국에까지 퍼져서 〈더 타임스(The Times)〉는 특파원을 보냈다. 농학자, 화학자, 의사, 수의사들이 이곳에 모였으나 많은 사람은 실험이 실패할 것이라고 확신하며 거리낌 없이 그러한 이야기를 입 밖에 냈다.

60마리의 면양이 파스퇴르에게 맡겨졌는데 그는 나중에 비교하기 위해 그중 10마리는 손을 대지 않고 남겨 두었다. 나머지 50마리는 두 개의 그룹으로 나눴다. 파스퇴르와 조수들은 25마리의 면양의 한쪽 귀에 구멍을 뚫고(이 그룹을 다른 그룹과 구별하기 위해서) 곧 이들에게 그의 탄저병 백신을 접종했다. 그 뒤 50마리의 면양을 목장에 풀어 놓았다.

그다음 2주일 사이에 접종을 받은 면양들은 가벼운 병에 걸렸으나 전부 회복되었다. 5월 17일 파스퇴르와 조수들은 목장에 찾아가서 백신을 한 번 더 접종했다. 그 후 면양이 두 번째 병에서 회복되던 그달 말까지 내버려 두었다.

다시 2주일 후인 5월 31일 파스퇴르와 조수들은 목장에 왔다. 이번에는 50마리의 면양 전부를 꺼내와 맹독의 새로운 배양균을 오른편 넓적다리에 주사했다. 파스퇴르는 접종하지 않았던 25마리의 면양은 6월 2일까지 전부 죽을 것이나 접종받은 면양은 한 마리도 죽지 않고 병의 증상을 전혀 나타내지 않을 것이라고 예언했다.

6월 2일에 많은 구경꾼이 목장에 모였다. 그 가운데는 믈렁 농업회의 회장, 농업성의 고관, 의사, 수의사, 기병 사관, 유럽

접종을 받지 않은 면양들은 죽어 넘어져 있었다

의 많은 나라에서 온 신문 기자들이 있었다. 그들을 기다리고 있던 광경은 파스퇴르가 예언한 것과 똑같았다. 땅에는 22마리의 면양이 나란히 죽어있었다. 그 옆에 두 마리의 면양이 마지막 숨을 몰아쉬고 있었다. 이들은 한 시간도 못 가서 죽었다. 25마리 가운데 남은 단 한 마리가 심한 병을 앓고 있었지만 결국 그날 안에 죽고 말았다. 반면 접종을 받은 면양들은 전부 살아있었다.

어느 유명한 신문의 특파원은 보고를 다음과 같이 매듭짓고 있다.

25마리의 시체가 한 장소에 묻혔다. 그리고 다시 접종한 면양과 접종하지 않은 면양으로 실험을 하게 되었다. 그러나 그 결과는 벌써 뻔하며 이제 농업계는 문제의 그 병에 대해서 의심할 여지가 없는 예방법이 존재하는 것을 알게 되었다. 이 예방법은 비싸지 않고 어렵지도 않다. 어쨌든 단 한 사람이 하루에 1,000마리의 면양을 접종시킬 수 있기 때문이다.*

막대한 경제적 효과

이렇게 해서 파스퇴르는 많은 사람 앞에서 동물들의 목숨을 지키는 그의 방법을 실제로 실험해 보이고 그 효과까지도 실증했다. 이후의 경험으로 봄에 접종하면 그 동물은 거의 1년간 병에 걸리지 않게 된다는 것을 알았다.

공개실험을 하고 나서 2년 이내에 10만 마리에 가까운 동물이 접종을 받았고 그 가운데 탄저병으로 죽은 것은 단지 650마리에 불과했다. 접종을 받지 않았던 시절에는 매년 면양 10만 마리 당 약 9,000마리가 이 병으로 죽어갔다.

그 뒤의 12년간 300만 마리 이상의 동물이 접종을 받았다. 파스퇴르의 조수 중 한 사람은 다음과 같이 추산하고 있다.

파스퇴르의 방법으로 얻은 프랑스 농업의 절약은 적어도 면양의 경우 500만 프랑, 소와 그 밖의 뿔 달린 가축의 경우에 대해서는 200만 프랑이었다.

파스퇴르를 지지하는 한 영국 사람은 1897년 이렇게 평했다.

영국에는 자기 나라의 화폐를 기준으로 하지 않으면 과학적 업적의 가치를 평가할 수 없는, 직관력도 교육도 부족한 사람들이 유달리 많다. 나는 그런 사람들을 위해서 이 파스퇴르의 발견 한 가지만으로 그의 나라 프랑스에 10년간 28만 파운드나 벌게 한 셈이 된다는 것을 지적해야겠다.

---

* 「런던타임스」, The Times, 1881. 6. 3

10. 비타민—미량의 위력

각기와 쌀밥

열대지방에서 태어나서 자란 사람들은 온대 지방에서는 거의 볼 수 없는 병에 걸리는 일이 있다. 그 하나가 각기병(脚氣病, 이하 각기)으로서 때에 따라서는 목숨을 빼앗기는 일도 있다. 일본, 말레이반도(Malay), 필리핀군도(Philippines), 인도네시아 (Indonesia) 등 아시아 지역에서는 과거에 매년 수만 명이 이 병으로 죽었다.

각기에 걸리면 먼저 몹시 피로를 느끼게 되고 원기가 없어진 다. 다음에는 다리가 붓고 힘이 없어지며 걷기 어렵게 되다가 마침내는 서 있을 수도 없게 된다. 더욱이 병이 더하면 손발의 마비, 숨 가쁨, 그 밖에도 고통스러운 증상이 일어난다. 결국에 는 대부분 심장이 약해져서 죽게 된다.

극동지역의 사람들은 주로 쌀밥을 먹고 산다. 그러나 곡식 외에 고기, 채소 등 여러 가지 음식을 먹는 유럽 사람과는 식 사가 달라서 이 지방의 가난한 사람들은 거의 쌀만으로 연명한 다. 쌀은 벼의 열매다.

벼 이삭을 탈곡기에 걸어서 열매만 딴 벼는 다색(茶色)을 한 두꺼운 껍질로 씌워져 있다. 원시적인 방법으로는 이것을 손으 로 두들기면(보통은 탈곡기에 건다) 두꺼운 겉껍질만 떨어진다. 이것을 현미라 하는데 그것은 나중에 새 식물로 자랄 부분(胚) 과 녹말을 포함하고 있으며 어린 식물이 자랄 때 양분을 공급 하는 배유(胚乳)로 이루어지고 바깥쪽은 얇은 각피로 씌워져 있 다. 이 각피가 있기 때문에 현미는 옅은 다색으로 보이고 맛이 떨어지며 소화도 잘 안 된다. 그래서 맛과 겉보기를 좋게 하려고 현미를 빻아 각피나 배를 떼어 버리는 일이 있다. 이 정미과정(精米過政)으로 현미는 새하얀 백미가 된다. 이때 떨어져 나간 각피나 배는 쌀겨라 불린다.

무슨 원인으로 각기가 일어나는지 오랫동안 거의 아무도 몰랐다. 그러나 점차 쌀밥이 이와 관계가 있을 것이라는 증거가 모였다.

1880년 일본 해군의 다카기 가네히로(高木兼實) 군의관은 군함의 일부 승무원에게 보통 식사와 다른 식사를 하게 해서 그 결과를 조사해 보려고 했다. 승무원들은 육지에 사는 사람들과 같이 언제나 쌀과 약간의 고기, 그 밖의 다른 것을 먹고 살아왔다. 그는 일부 승무원에게 이전부터 보리, 여러 가지 채소와 생선, 많은 고기를 먹게 했으나 쌀은 아주 조금밖에 주지 않았다. 이 승무원들은 거의 각기에 걸리지 않았다.*

닭이 각기에 걸리다

9년 후에 네덜란드령 동인도(현재의 인도네시아)의 주둔군에 근무하는 젊은 네덜란드 군의관 크리스찬 에익만(Christiaan Eijkman, 1858~1930)은 당시 네덜란드 식민지의 육해군 사이에 맹위를 떨치던 각기를 연구하기 위해서 설립된 과학위원회의 일원이 되었다.** 그는 바타비아(자카르타의 옛 이름)의 육군병원에 신설된 연구소에 배속되었다. 어느 날 그는 병원의 양

* 스코트, 「열대 의학의 역사」, H. H. Scott, History of Tropical Medicine, 1945
** 호니그, 버돈, 「네덜란드령 인도의 과학과 과학자들」, P. Honig & F. Verdoorn, Science and Scientists in the Netherlands Indies, 1945

닭이 각기에 걸린 것일까?

계장에서 기르던 닭이 갑자기 병에 걸린 것을 알았다. 그중에
는 다리가 약해져서 비틀거리는 닭도 있었으며 전혀 서지 못하
는 닭도 있었다. 이윽고 어떤 닭은 몸이 완전히 마비되어 움직
이지도 못했다. 후에 자신의 연구에 관해서 썼을 때 그는 다음
과 같은 주석을 붙였다.

　　어떤 우연한 사건이 나로 하여금 옳은 길을 택하게 했다. 바타비
　아 연구소의 양계장에서 갑자기 병이 발생했는데 이것은 많은 점에
　서 사람의 각기와 놀랄 만큼 흡사했다. 그래서 나는 그것을 깊이
　파고 들어가 연구할 생각이 들었다.

　　그는 암탉들을 자세히 관찰했는데 어느새 이 병이 없어졌으
므로 매우 놀랐다. 새로운 병에 걸린 닭이 발생하지 않았고 그
때까지 병에 걸렸던 닭은 회복하기 시작했다. 그는 곰곰이 생
각한 결과 음식이 원인일지도 모른다는 생각이 들었다. 그래서
조사를 더 진행한 결과 이런 사실을 알게 되었다. 그동안 부하

한 사람이 병원의 주방에서 흰쌀을 가져와 닭에게 먹여 왔는데 얼마 후에 그는 다른 취사장으로 이동하게 되었다. 뒤를 맡은 사람은 환자용의 흰쌀을 닭에게 주는 것에 반대해서 빻지 않은 현미를 먹여온 것이다.

에익만 박사는 날짜를 신중하게 대조해 보았다. 그 결과 암탉들이 병에 걸린 것은 병원의 주방에서 흰쌀을 가져와 먹이기 시작한 직후였고 현미를 먹게 되면서 곧 회복한 것임을 알았다. 그러나 그는 음식의 변화가 원인이라는 것을 확실히 하고 싶었다. 그래서 몇 마리의 암탉을 흰쌀로 길렀다. 그랬더니 흰쌀을 먹인 닭 대부분은 병에 걸렸으나 현미를 먹인 닭은 아무렇지도 않았다. 다음에 그는 병에 걸린 닭을 현미로 기르고 건강한 닭을 흰쌀로 길렀다. 병에 걸린 닭은 점점 회복되었지만, 그때까지 건강했던 닭이 병에 걸렸다. 마지막으로 그는 병에 걸린 닭에게 정미 과정에서 쌀로부터 떼어낸 물질, 즉 쌀겨를 조금씩 주었다. 닭을 곧 회복되었다.

에익만 설의 실증

이 실험들로 에익만은 이 닭의 병이 쌀과 관련 있다고 단정해도 좋은 증거를 얻었다. 그는 사람의 각기도 거의 흰쌀만 먹는 식사로 인해 생긴다고 믿었다. 처음 얼마 동안 그 의견은 무시되었으나, 쌀을 주식으로 하는 동양에 증기를 이용한 정미 기계가 들어오자 그것을 뒷받침하는 증거가 속속 나타났다. 능률적인 정미 기계를 사용하면서 흰쌀의 식사가 보급되었고 그 때문에 각기 환자가 대폭 늘어난 것이다. 어느 유명한 과학자는 각기 환자가 증가한 이유를 다음과 같이 설명했다.*

　이제까지 주민들이 쌀을 먹기 전에 처리한 방법으로는 낟알의 한 부분(쌀겨가 되는 부분)이 거의 고스란히 남아 있었다. 그런데 증기 정미기는 이것을 완전히 제거해버린다. 1897년 증기 정미기의 출현은 각기가 정기정미기 속에서 낟알이 받는 처리에 의해서 생긴다는 것을 반론의 여지 없이 입증했다. 이 일을 처음으로 입증한 사람은 네덜란드 의사 에익만이었다.

　에익만은 네덜란드령 동인도에 있는 100개소 이상의 교도소에 수용된 누계 25만 이상의 사람 중에서 어느 정도의 각기 환자가 발생하였는지에 관한 자세한 자료를 입수했다.

　이 교도소 가운데 37개소에서는 현미를 먹였다. 13개소에서는 현미와 백미를 혼합하여 주었다. 한편 51개소에서는 백미를 주었다. 그 가운데 각기 환자가 발생한 교도소의 수는 다음과 같다.

　현미를 준 37개소의 교도소 중 → 1개소

　현미와 백미의 혼합을 준 13개의 교도소 중 → 6개소

　백미를 준 51개소의 교도소 중 → 36개소

　교도소의 수를 헤아리는 대신 각기에 걸린 죄수의 수를 헤아려 보면 죄수 1만 명에 대해서 각기 환자의 수는 다음과 같다.

　현미를 먹는 죄수들 → 1명

　현미와 백미를 섞은 것을 먹는 죄수들 → 416명

　백미를 먹는 죄수들 → 3,900명

---

* 「영국의학지」, Vol. I- 1919

뜻하지 않은 단백질 검출법의 실패

이어서 몇 사람의 과학자가 쌀밥과 각기가 어떻게 관련되는 지를 연구하기 시작했다. 19세기 말에서 20세기 초에 걸쳐 모든 병은 먼저 세균에 의해서 일어난다고 생각하는 것이 습관이었다. 그래서 과학자들은 각기의 원인이 되는 세균을 찾으려고 애썼지만 성공하지 못했다.

1900년이 되자 생각지도 않았던 일이 실마리가 되어 홉킨즈 (Sir. Frederick Gowland Hopkins, 1861~1947)가 음식과 병의 관련성을 이제까지와는 다른 각도에서 연구하기 시작했다. 그 이상적인 사건이 일어난 것은 홉킨즈가 케임브리지대학의 실험실에서 단백질의 검출법을 가르치고 있을 때였다. 단백질은 몇 가지 성분으로 구성된 복잡한 화학 물질로서 예를 들면 달걀의 흰자, 기름이 적은 살코기, 곡식, 콩, 일부 종자에 들어있다. 학생 한 사람 한 사람에게 실험용 단백질을 나누어 주고 여기에 다른 몇 가지 물질을 첨가하도록 지시했다. 식초산(아세트산)도 이러한 물질 중 하나였다.

가르쳐준 대로 잘하면 어느 학생도 보라색으로 물든 용액을 얻을 것이었다.

학생 중 한 사람인 존 멜런비(John Mellanby, 1884~1955, 나중에 옥스퍼드의 생리학 교수가 되었다)는 지시대로 주의 깊게 했으나 액체는 보라색으로 되지 않았다.

그는 자신의 실패를 보고하였고 홉킨즈는 그 병에 들었던 식초산을 써서 스스로 실험을 되풀이했다. 홉킨즈도 보라색을 낼 수 없었다. 그래서 다른 병을 써서 다시 실험을 해보았더니 이번에는 보라색이 되었다. 그 뒤 그는 멜런비를 시켜 옆 실험실에서 그 시약을 빌려오게 하여 다시 실험했다. 그는 남다른 본능으로 이 일에 무엇인가 중요한 것이 감추어져 있다고 느꼈기 때문이다.

젊은 연구원 S. W. Cole의 도움을 얻어 흡킨즈는 멜런비에게 준 식초산이 완전히 순수한 것이었음을 밝혀냈다. 한편 그 실험실에 있던 다른 모든 병의 식초산은 극히 적은 양의 불순물을 포함하고 있었고 그것은 비교적 쉽게 식초산으로부터 분리된다는 것을 알았다.*

이리하여 액이 보라색으로 착색되는 원인은 불순물에 있고 순수한 식초산이 아니라는 놀랄만한 사실이 발견되었다. 이것은 전혀 생각지도 않았던 사실로서 이전에 이러한 사실을 예상하게 하는 이유를 조금이라도 알아차린 사람은 하나도 없었다. 불순물은 분리되고 분석되었으며 그것은 이미 잘 알려진 화합물임이 밝혀졌다.**

흡킨즈, 새 물질을 찾다

흡킨즈는 이 불순물을 써서 많은 실험을 했으나 그 결과를 보고 다시 놀랐다. 왜냐하면 그 「불순물」이 단백질에 함유되는 많은 물질 가운데 한가지에만 작용한다는 것을 알았기 때문이다. 그 한 가지 물질이란 그가 처음으로 본 물질이었으며 실제로 그전에는 과학적으로 알려지지 않았다. 그래서 그는 그것이 대량의 단백질 속에도 아주 미량밖에 포함되어 있지 않다는 것을 알아냈다.

---

* 이것은 글리옥실산이라 불리는 물질로서 식초산을 공기 중에 내버려 두면 조금씩 만들어진다.
** 「영국의학지」, 1948

홉킨즈와 조수들은 그것을 단백질 중의 다른 물질로부터 분리했다.

그들은 단백질의 이러한 극히 작은 부분이 인간이나 다른 동물의 먹이 속에서 어떤 역할을 하는지, 다른 물질이 동물의 생존과 성장에 필요한 것인지를 알아내기로 했다.

홉킨즈 팀은 쥐를 키워서 많은 실험을 해 보았다. 어떤 쥐에는 「새 물질」을 전혀 함유하지 않은 먹이가 주어졌다. 다른 쥐에는 이 「새 물질」 중 하나를 미량으로 더한 먹이가 주어졌다. 그 결과 「최초의 새 물질」을 가하면 유익하다는 것이 확실해졌다. 그 내용은 다음과 같다.

이것을 포함하지 않은 음식으로 키운 쥐는 처음엔 지쳐 잠만 잤다. 먹고 싶을 만큼 듬뿍 먹이를 주었는데도 성장이 멎고 체중이 줄어 결국에는 대부분이 경련을 일으켰다. 그러나 새 물질을 미량 함유한 먹이가 주어진 쥐는 발육이 좋았고 항상 건강했다.

헨리 데일 경(Sir. Henry Hallett Dale, 1875~1968)이 평한 것처럼

이 연구는 포유류가 살아가고 성장하기 위해서는 먹이 중에 어떤 특별한 물질이 존재하지 않으면 안 된다는 것, 또 어떤 먹이 속에 그것이 존재하지 않을 때는 이것을 첨가하면 천연으로 포함하고 있을 때와 같은 효과를 낳게 할 수 있다는 것을 비로소 뚜렷이 보여 주었다.

비타민의 존재가 확립되다

홉킨즈는 자신의 실험 결과를 1912년에 공표하였으나 같은

홉킨즈는 쥐를 관찰했다.

해에 카지미르 풍크(Casimir Funk, 1884~1967)라는 다른 과학자도 「음식 중 불가결한 물질의 부족」에 관한 실험 결과를 발표했다. 이 불가결한 물질들은 오늘날 비타민(Vitamin)이라고 불리며 그 후 많은 종류의 비타민이 발견되고 있다. 풍크는 어떤 비타민이 쌀에 포함되어 있으나 이것은 정미 과정에서 제거되는 부분에만 존재한다는 것을 밝혔다. 각기가 생기는 원인은 흰쌀의 식사에 이 미량의 비타민이 존재하지 않는다는 점에 있다.

많은 과학자가 비타민의 존재와 가치에 관한 우리의 지식을 진보시켜 왔다. 그러나 헨리 데일 경이 말한 것처럼

홉킨즈를 새 물질의 발견으로 이끈 것은 실은 홉킨즈가 상급생인 존 멜런비에게 나누어 주었던 특별한 병의 식초산이 단백질의 착색 반응을 일으킬 수 없었다는 사실이다.

에익만도, 홉킨즈도 다 우연한 관찰이 계기가 되어 발견에
이르렀다. 그들을 묶는 또 하나의 이유는 1929년에 두 사람
모두 노벨상 수상자로 선발되어 상금을 나누어 갖게 되었다는
것이다. 이것은 두 사람이 생애 대부분을 바쳐서 연구한 그 분
야에서 주어진 최고의 포상이었다.

11. 우연히 발견된 페니실린

1928년 런던대학 의과대학 세인트 메리 병원(St. Mary Hospital)의 알렉산더 플레밍 교수(Sir. Alexander Fleming, 1881~1955)는 어떤 병의 병원균에 관해서 실험했다.

실험을 위해 그는 페트리 접시(Petri Dish)라고 불리는 넓적하고 둥근 접시에 세균을 길러 콜로니(Colony)를 만들었다. 페트리 접시는 지름이 10㎝ 정도의 유리 접시로서 꼭 맞는 뚜껑이 있고 과학자들은 이 속에 세균의 먹이가 되는 물질(배양기라고 불린다)을 넣고 거기에 세균을 넣어 번식시켰다. 배양기는 따뜻한 액체 상태에 있을 때 페트리 접시 속에 붓는데 식으면 굳어져서 젤리 상태가 된다. 플레밍은 보통의 세균배양법을 썼다. 종기에서 세균을 취해서 배양할 때에는 우선 백금으로 만든 철사로 엮은 고리를 불꽃에 넣어 가열하여 여기에 붙어있던「잘못 섞여 들어간」세균을 남김없이 죽여 버린다. 다음에 그 철사를 종기 속의 고름에 담긴 후 배양기의 표면에 대고 지그재그 모양으로 긋는다. 이것으로 고름에 있는 세균 일부가 배양기로 옮겨진다. 세균은 배양기 위에서 점점 불어나 몇천, 몇만이나 되는 배양균을 만들어낸다.

배양기에 섞여 들어가는 곰팡이

과학자들은 조심조심해서 페트리 접시의 뚜껑을 꼭 닫아 두지 않으면 안 됐다(물론 배양기를 조사하려 하는 경우에는 그렇지 않지만). 각양각색의 세균이 끊임없이 공중에 떠돌아다니고 있으므로 뚜껑을 열었을 때 그것들이 배양기에 떨어질지도 모르기 때문이다. 그렇게 되면 잘못 들어온 잡균은 점점 번식해서 연구를 위해 특별히 준비한 배양기를 못 쓰게 만들고 말 것이다. 그러나 젤리에 반드시 뚜껑을 덮어 두지 않으면 안 되는 이유가 또 하나 있다. 그것은 페니실린의 발견과 중요한 관계가 있다.

곰팡이를 본 적이 없는 사람은 아마도 없을 것이다. 그것은 오래된 빵, 치즈, 잼, 가죽 등에 흔히 핀다. 곰팡이는 매우 작은 식물로서 놀랄 만큼 많은 종류가 있다. 일반적으로 많이 볼 수 있는 것은 청 녹색의 푸른곰팡이로서 이것은 페니실륨 (Penicillium)이라는 종류에 속한다. 이 곰팡이를 현미경으로 보면 매우 아름답고 칫솔의 자루 같은 짧고도 굵은 축을 갖고 있으며 거기에서 가는 가지가 솔의 털처럼 많이 나 있다. 솔을 라틴어로 페니실루스(Penicillus)라고 하는데 페니실륨은 여기에서 유래한 것이다.

밭이나 마당에 나 있는 보통 식물과는 달라서 곰팡이는 꽃도 피지 않거니와 열매도 맺지 않는다. 그러나 곰팡이가 성숙하면 일부의 가지 끝에 둥근 혹이 생긴다. 이 혹은 마침내 성숙해져서 터지고 그 속에서 가루 같은 것이 나온다. 이 가루는 포자 (胞子)라고 불리며 매우 가벼워서 공기의 흐름에 실려 흩어져 멀리까지 운반된다. 포자는 곰팡이의 먹이 위에 떨어지고 온도나 습도가 적당하면 성장하여 새로운 식물이 된다. 곰팡이에게 가장 적절한 먹이 중 하나가 여러 가지 세균을 키우는 배양기로 사용되는 고기 수프의 젤리이다. 그러므로 과학자들은 주의 깊게 배양기에 꼭 뚜껑을 닫아 두어야 한다. 그러나 아무리 조심한다고 하더라도 페트리 접시 속의 젤리에 곰팡이가 피는 것

실험실에서의 플레밍
오른쪽 밑에 페니실륨이 발견되었을 때의 배양접시가 보인다
작은 흰 점은 균의 콜로니가 생기지 않는다

은 흔히 있는 일이다. 공기 중에 떠있는 많은 포자 중에서 조
금이라도 이 젤리 위에 떨어지는 것을 막는 것은 정말 어려운
일이다.

플레밍, 곰팡이의 항균성을 발견

어느 날 플레밍 교수가 부스럼에서 나온 고름에서 얻은 세균

에 관해서 실험하고 있었을 때 놀라운 발견을 했다.* 젤리에
곰팡이가 붙어 세균이 접시 가득히 번식하는 대신에 곰팡이 주
위에 아무것도 없는 공간이 생긴 것이다. 전에 잘 키워진 세균
의 콜로니였던 것이 이번에는 그 자신의 말을 빌리면 「이전의
자기 자신의 엷은 그림자」**로 바뀌었다.

플레밍은 이 곰팡이가 특별한 물질을 만들어 내고 그것이 주
위로 흩어져 세균의 성장을 저지한 것이 아닌지 추리했다. 그
는 이것을 확인하고자 했다. 그는 이전에 어떤 곰팡이도 주위
에 그런 아무것도 없는 공간이 생긴 것을 본 적이 없었으므로
그것이 희귀한 곰팡이인지 아닌지 밝혀내지 않으면 안 되었다.
조사한 결과 그것이 페니실륨이라는 매우 큰 종류에 속하는 드
문 변종(變種)이라는 것을 알게 되었다.

플레밍은 우연히 일어난 이 일을 이번에는 계획적으로 실험
했다. 우선 먼저 입수한 페니실륨의 이 희귀한 변종을 배양했
다. 그러기 위해 곰팡이가 있는 페트리 접시에서 포자를 조금
취해서 고기 수프의 젤리가 든 다른 접시에 옮겼다. 그러자 곰
팡이는 무럭무럭 번식해서 실험에 필요한 양만큼 생겼다.

페니실린의 성질을 찾다

그다음 작업은 이 곰팡이가 여러 가지 종류의 세균에 대해서
어떤 효과를 미치는지 밝혀내는 일이었다. 그는 어떤 병의 세
균을 고기 수프의 젤리에 심어 곰팡이의 포자를 더한다는 간단

---

* 「미국의학회지」, The Journal of the American Medical Society,
1944
** 영국의학지」, 1944

한 방법을 썼다. 곰팡이가 핀 장소의 주위에 아무것도 없는 공간이 생기면 곰팡이가 이 병원균에 대해서 적극적으로 작용하고 있는 것을 알 수 있다. 많은 종류의 세균에 대해서 실험을 반복하는 것으로 어떤 세균은 아무런 작용도 받지 않는다는 것을 알게 되었다. 곰팡이는 이러한 효과를 나타내는 물질을 포함하고 있든가 아니면 만들어내는 것이 틀림없다고 그는 생각했다. 만약 이 물질을 곰팡이로부터 추출할 수 있다면 이것을 써서 동물의 체내에서 병원균의 성장을 저지할 수 있다고 생각했다. 그래서 그는 이것을 달성하려고, 즉 과학자들의 말을 빌리면 그 물질을 곰팡이로부터 「단리(單離)」하려고 열심히 노력했다. 플레밍은 이 곰팡이를 젤리가 아닌 액체의 고기 수프 속에서 길러 이후에 수프만 분리했다. 다음에 그 수프를 배양한 세균의 콜로니에 몇 방울 첨가했다. 수프는 곰팡이 자체와 똑같이 세균에 작용했다. 그래서 그는 곰팡이가 생산하는 활동물질은 고기수프의 액에 녹는다는 것을 알았다.

이것은 대단한 발견이었다. 왜냐하면 그는 세균의 번식을 막는 액체를 손에 넣었기 때문이다. 이런 액체를 지금은 항생물질이라고 부르고 있다[영어로는 Antibiotics로서 이것은 Anti(대항한다)와 Bios(생물)의 두 낱말에서 유래했다]. 이 특별한 용액에 그는 페니실린 용액이라는 이름을 붙였다. 페니실린이라는 이름을 고른 것은 곰팡이의 페니실륨으로부터 이 물질이 얻어졌기 때문이며, 식물에서 얻은 약에는 "in"으로 끝나는 이름을 붙이는 것이 관례였다. 플레밍 교수는 페니실린을 포함하는 용액을 써서 많은 실험을 했다. 이것을 인간의 혈액 속에 주사해도 위험이 없다는 사실을 발견하고 나서부터는 더욱 용기를 내어 연구를 추진했다. 예를 들면 여러 가지 피부의 전염병에 대해서 시험한 결과, 효능이 알려진 고약보다도 훨씬 뛰어남을 발견했다.

이 실험을 할 수 있도록 플레밍은 처음에 입수한 곰팡이를 산 채로 보존하고 사용할 때마다 거기에 필요한 분량을 번식시켰다. 이것이 매우 현명하고 유익한 방법이었다는 것은 나중의 설명으로 알 수 있을 것이다.

플로리 등, 페니실린의 분리에 성공

다음의 과제는 용액에서 페니실린을 분리하는 일이었다. 불행하게도 플레밍은 이 일에 성공하지 못했다. 페니실린은 특수한 물질이어서 이것에 어떠한 처리를 하면 즉시 다른 물질로 변하고 만다. 이 성질 때문에 페니실린의 연구는 오랫동안 좀처럼 진전되지 않았다.

그러나 1938년이 되어 옥스퍼드대학의 하워드 플로리(Sir. Howard Walter Florey, 1891~1968) 교수가 페니실린 용액을 깊이 연구하게 되었다. 1939년에 2차 세계대전이 발발했을 때, 그는 이미 이 연구를 하고 있었다. 그런데 전쟁터에서는 상처에 세균이 감염되어 사망률이 높았기 때문에 병원균의 성장을 저지할 수 있는 물질을 연구하는 것이 매우 중요했다.

플로리는 조수 중 체인(Ernst Boris Chain, 1906~1979)과 더불어 고기 수프에서 약간의 페니실린을 분리하는 데 성공하여 1941년 6월에 입원 중인 6명의 환자에게 이것을 시험했다. 이 치료는 아주 잘 되었으나 불행하게도 그 가운데 두 사람은 준비한 페니실린을 다 써버린 뒤 사망했다. 이것을 대량으로 제조하기 위해 긴급한 노력을 기울이지 않으면 안 된다는 것이

명백해졌다.

이 해가 끝날 무렵 플로리는 미국으로 가서 많은 과학자와 협력하여 페니실린을 분리하는 방법을 추구했다. 미국의 제약 업자가 자기들 연구소를 이 과학자들이 쓸 수 있게 하였으므로 일은 크게 진척되었다. 몇 해에 걸친 활발하고 집중적인 연구 덕택에 페니실린을 제법 대량으로 분리하는 방법이 발견되었고 곧 널리 이용할 수 있게 되었다.*

페니실린은 디프테리아(Diphtheia), 폐렴, 패혈증, 인후 카타르(Katarrh) 같은 병이나, 상(瘍)이나 창(瘡) 등의 악성종기, 심한 상처 등을 입은 사람의 혈관에 주사하면 훌륭한 효능을 나타낸다. 특히 외과 의사들은 수술할 때 감염이나 화농을 방지하기 위해서 환자에게 투여한다. 페니실린이 이런 효과를 나타내는 것은 많은 종류의 세균 성장을 멈추게 하고 번식하는 것을 방지하기 때문이다.

행운을 낳은 세 가지 요소

플레밍에 의한 페니실린의 우연한 발견은 헨리 데일 경에 의해서 분석되었다. 페트리 접시의 뚜껑을 벗겼을 때 세균의 배양기에 곰팡이의 포자가 떨어져 자라는 것은 조금도 놀랄 일은 아니라고 그는 지적하고 있다. 단지 이 경우는 세 가지의 특별한 사정이 있었다. 첫째로 젤리 위에 떨어진 포자는 페니실륨 노타툼(Penicillium Notatum)이라 부르는 곰팡이의 포자였다.

페니실륨이라 불리는 곰팡이에는 수백 종류가 있어서 각기 조금씩 서로 다르다. 그러나 페니실린을 생산하는 것은 단 한

---

* 「화학 및 공학 뉴스」, The Chemical and Engineering News 1944

종류뿐이다. 만일 페니실륨의 다른 곰팡이나 수천 종이나 되는
다른 족(族)의 곰팡이 중 어느 한 포자가 플레밍이 사용하고 있
던 배양기에 떨어졌다면 아무 발견도 낳지 못했을 것이다. 그
러나 희귀한 우연으로 인해서 페니실린을 만들어내는 단 한 종
류의 곰팡이의 포자가 지름 10㎝의 페트리 접시 안에, 때마침
뚜껑이 벗겨진 절호의 기회를 틈타서 섞여 들어온 것이다.*

둘째로 다행스러웠던 일은 플레밍이 실험을 위해 배양하고
있던 세균이 페니실린의 작용을 받는 종류였다는 점이다. 페니
실린은 어떤 종류의 세균에게도 작용하는 것은 아니다.

세 번째는 연구하고 있던 사람이 바로 알렉산더 플레밍 교수
였다는 점이다. 곰팡이가 피면 그 세균의 배양은 실패이고 곰
팡이가 핀 배양기는 예외 없이 버려진다. 그러나 「이상한 것을
빈틈없이 찾아내는 눈을 가진」 플레밍 교수였기에 곰팡이가 핀
장소에 종기의 세균이 없는 공간을 후광처럼 보았다. 그가 희
귀한 기회를 포착하여 추구한 덕택에 후에 페니실린의 사용으
로 수많은 생명을 구할 수 있게 된 것이다.

---

* 이것은 1948년에 데일이 말한 것이지만 지금에 와서는 다소 수정해야
한다. 그 후의 연구에 의해서 페니실린을 생산하는 매우 비슷한 곰팡이가
그 밖에도 몇 가지 있다는 것이 알려져 있다.

12. 국왕의 프리기트 함에 쫓겨

식물 분류를 확립한 린네

카를 폰 린네는 1707년 스웨덴의 작은 마을에서 목사의 아들로 태어났다.

20세 때 룬드(Lund) 대학에 입학하였는데 다행하게도 압착식물 표본, 광물, 조개, 새 표본 같은 훌륭한 컬렉션을 가진 의사의 집에서 지낼 수 있었다. 1730년에 린네는 식물학 교수의 조수가 되었고 식물원의 관리를 맡게 되었다. 그 후 몇 해 동안 그는 식물 조사 여행을 위해 라플란드(Lapland)를 포함한 여러 지방에 갔고 또 영국을 포함하여 유럽의 많은 나라를 방문했다.* 스웨덴에 돌아오자 곧 그는 웁살라(Uppsala) 대학의 식물학 교수로 임명되었다.

린네의 위대한 업적은 식물을 그룹, 다시 말해 족(族)으로 분리한 일이었다. 그가 이 시스템을 발명한 것은 아니지만 이미 있던 시스템을 철저하게 개량하였으므로 식물의 계통적 연구 분야에서 탁월한 개척자로 간주하는 것은 당연한 일이다. 그의 식물 분류는 주로 꽃의 수술이나 암술 등 쉽게 관찰할 수 있는 것을 기초로 하고 있어 유럽의 식물학자들이 곧 이것을 채택했다.

식물 조사 여행 중 그와 조수들은 여러 가지 식물, 곤충, 광물의 표본을 많이 모아 조심스럽게 보존하고 이를 위해 특별히 세워진 박물관에 보관했다.** 린네는 열성적인 수집가였을 뿐만 아니라 퍽 부지런한 저술가여서 180권 이상의 책을 출판했다.

---

* 「백과사전」, The Encyclopaedia, 1819
** 터튼, 「린네의 생애」, W. Turton, Life of Linnaeus, 1806

그는 많은 나라의 생물학자들과 서신 교환을 했는데 보내고 받은 편지의 사본을 대부분 보존했다. 또 린네는 동물계도 철저하게 연구했다. 그가 동물에 관한 여러 사실을 다룬 방법은 「간단 명료하고 계통이 정연하며 매우 모범적이어서 당시의 동물학자에게는 정말 경이적이었음에 틀림없다」고 일컬어진다.

린네의 컬렉션, 영국에 팔리다

린네가 1778년에 사망했을 때 생물학 연구자들에게 더할 나위 없이 귀중하고 훌륭한 자료의 컬렉션이 남은 것은 놀랄 일이 아니었다. 그는 자신의 컬렉션 가운데 과학적으로 가장 가치 있는 부분, 즉 식물 표본을 사후에 그가 오래 있었던 대학에서 살 것이라고 기대하여 유언으로 그의 아내와 딸에게 남겼다. 수집품의 나머지는 교수로서 그의 뒤를 이은 아들에게 남겼다.

린네가 사망할 무렵 「유럽에서 가장 부자이며 또 열성적인 생물학자」는 영국의 조세프 뱅크스 경(Sir. Joseph Banks, 1743~1820)이었다. 그는 젊었을 때 여러 번 과학 조사 여행에 나선 일이 있으며 후에는 영국의 왕립학회 회장이 되었고 국왕 조지 3세(George Ⅲ, 1738~1820, 제위 1760~1820)의 친구이기도 했다.* 뱅크스 자신은 뛰어난 과학자는 아니었으나 간접적으로 영국과학의 발전에 꽤 영향을 미쳤다.

그는 린네의 컬렉션 일부가 양도될 가능성이 있다는 것을 알고 그 식물 표본 전부를 사고 싶다고 제안했다. 그러나 그의

---

* 『과학사의 뒷얘기 2』(물리학), 19장; 『과학사의 뒷얘기 4』(과학적 발견), 2장, 12장 참조

제안은 거부되었고 컬렉션 전부가 가족에게 돌아갔다.

1873년에 아들 린네가 갑자기 죽자 컬렉션 전체가 그의 어머니와 자매의 손에 넘어갔다. 그들은 이것에 과학적인 흥미를 느끼지 않았다. 그래서 친구인 아크렐(Acrel) 박사에게 부탁하여「가능한 한 비싼 값으로」팔기로 했다.

아크렐 박사는 조세프 뱅크스가 아직 이것에 관심을 두고 있을지도 모른다고 생각해서 편지를 보냈다. 이미 뱅크스는 이젠 컬렉션을 원하지 않았으나 그 편지가 그에게 도착했을 때 마침 제임스 에드워드 스미드(James Edward Smith, 1759~1828)라는 젊은 의학도와 아침 식사를 함께 하고 있었다. 스미드는 부자의 아들로서 생물학에 큰 관심을 두고 있었다. 뒤에 스미드는 아침 식사 때의 대화를 다음과 같이 회상하고 있다.

마침 내가 조세프 뱅크스 경과 아침식사를 들고 있을 때 그 편지가 도착했다. 1783년 12월 23일의 일이었다. 그는 나에게 이전에 그것을 사겠다고 제안한 일이 있었다고 말하면서 자신은 이 제의를 거절하겠다고 말했다. 그리고 편지를 나에게 읽어보라고 건네주면서 그것은 나의 취미에 알맞은 것이며 또 나의 명예가 되는 일이기 때문에 꼭 살 것을 강력하게 권유했다.

스미드는 열의를 가지고 뱅크스의 권유를 받아들였다. 그는 아크렐 박사에게 편지를 띄워 컬렉션의 목록을 보내 달라고 하고 또「만약 그것이 나의 기대에 맞는 것이라면 요구하는 값으로 사겠다」라고 써 보냈다. 상대방이 부른 값은 1,000기니(Guinea)였다. 스미드는 다시 아버지에게 편지를 써서 이 훌륭한 컬렉션을 사기 위한 돈을 내줄 수 있는지 물어보았다. 아버지는 쾌히 승낙하였으나 아들이 너무 서두르지 않도록 충고하면서 다음과 같이 덧붙였다.

국가적 견지에서, 또 그(린네)의 공헌으로 그토록 명성을 높인 대학의 입장에서 생각해 볼 때 나는 그들이 그런 하찮은 금액으로 이것이 스웨덴 땅에서 떠나는 것을 가만히 보고만 있으리라고는 도저히 생각할 수 없다.

이윽고 목록이 스웨덴에서 도착했다. 젊은 스미드는 그 내용을 보고 매우 만족했다. 그는 아버지의 동의를 얻어서 값의 절반을 현금으로 지급하고 나머지를 3개월 이내에 발송한다는 계약에 서명했다. 아크렐 박사는 컬렉션을 꾸려서 스톡홀름에 보내어 가장 먼저 출항하는 영국행 화물선에 실을 준비를 했다. 전부 스물여섯 상자였는데 스미드에 의하면

상자는 꽤 컸음이 틀림없다. 왜냐하면 3,000권 가까운 책이 단지 여섯 상자에 꾸려졌기 때문이다. 그 밖에 식물이 다섯 상자, 광물이 네 상자, 곤충이 두 상자 있었고 조개, 고기, 산호가 각각 세 상자를 차지했다.*

스웨덴 군함의 추적을 받다

1784년 9월 17일에 영국의 범선 「어피어런스(Appearnce)」호가 스웨덴인 선장의 지휘하에 컬렉션을 싣고 스톡홀름을 출범했다. 배는 10월 말 영국에 도착하여 상자들은 첼시(Chelsea)에 운반되었다.

린네가 있던 대학은 컬렉션이 외국 사람에게 팔리는 것을 방

---

* 스미드, 「고 스미드 경의 회고록 및 서한집」, Lady Pleasance Smith, Memoirs and Correspondence of the Late Sir. J. E. Smith, 1832

린네의 컬렉션을 실은 영국 범선을 추적하는 스웨덴의 군함

해하지는 않았으나, 영국에서는 「어피어런스」호를 저지하여 스웨덴으로 되돌리려는 「최후의 1분간」의 노력이 있었다는 이야기가 퍼졌다.

「어피어런스」호는 사운드(Sound)라고 불리는 좁은 해협을 통과해야 했는데 거기에는 폭이 고작 5㎞밖에 되지 않는 곳도 있었다. 스미드가 한 이야기는 1791년에 그가 당시 린네의 전기를 쓰고 있던 스웨덴 저술가 스토버(Stoever)에게 쓴 편지에 적혀있다.

1783년 가을 스웨덴 국왕 전하[구스타브 3세(Gustav Ⅲ, 1746~1792, 재위 1772~1792)]는 프랑스에 있었다고 나는 믿고 있다. 예의 어머니와 자매는 국왕이 귀국하기 전에 컬렉션을 팔아버리려고 매우 서두르고 있었다. 국왕이 귀국하면 컬렉션을 싼값으로 웁살라 대학에 팔아야 할 처지에 놓일지도 몰랐기 때문이다. 나는 선장에게 운임으로 80기니를 지급했다. 그것은 보통의 값보다 50% 정도 비쌌으나 나는 한시라도 늦어지지 않도록 배려했다. 그 까닭은 이 배가 출범한 직후에 스웨덴 국왕이 귀국하여 일의 경위를 듣고 배를 되돌려 오기 위해서 한 척의 배를 파견하여 추적시켰기 때문이다. 내게는 다행스러웠지만 때는 이미 늦었다. 이것이 컬렉션 매입의 진상이다.*

다른 잡지에서 스미드는 이야기를 확대해서 국왕은 또 "사운드 해협에 급사(急使)를 보내서 물건을 운반해 가는 배를 저지하려고 했다"라고 말하고 있다.

범선이 출항한 직후 곧 급사가 스톡홀름을 떠나서 역마를 바꿔 타면서 서둘렀다면 범선이 사운드해협에 도달하기 전에 그곳에 도착할 수 있었을 것이다.

그렇게 되면 급사가 해군사령부에 국왕의 명령을 전달하고, 해군은 곧 좁은 해협에 배를 보내서 쉽게 「어피어런스」호를 붙잡을 수 있었을 것이다. 국왕은 분명히 린네의 아들이 죽기 약 두 달 전에 여행을 떠나 독일과 이탈리아를 거쳐 파리로 갔다. 그 뒤 그는 「극도의 강행군으로」 8월 초 스톡홀름에 돌아왔다. 그 무렵에 컬렉션은 스톡홀름의 창고에 보관되어 영국행 배를 기다리고 있었다. 그러나 컬렉션이 팔렸다는 것을 국왕이 알고 있었는지, 또 알고 있었다 하더라도 사운드 해협에 급사를 보냈는지 어떤지는 별개의 문제이다.

---

* 스토버, 「린네의 생애」, D. H. Stoever, The Life of Sir Charles Linnaeus, 1794

린네협회의 창립

스미드는 자기가 산 것을 점검해 보고 그렇게 값싼 대가로 그토록 귀중한 보물을 영국에 가져올 수 있었던 것을 한없이 기뻐했다. 그는 경험이 풍부한 식물학자들의 도움을 얻어 그 압착표본을 잘 배열하여 쉽게 이용할 수 있도록 정돈했다. 곧 이 컬렉션은 식물에 학명을 붙일 때 권위 있는 근거가 되었다. 우리들이 알고 있는 대로 린네는 식물을 분류하여 왜 그가 그러한 학명을 붙였는지를 기록했다. 그때야 비로소 영국의 식물학자들은 그의 기재를 읽을 수 있게 되었을 뿐만 아니라 린네가 기재한 식물의 실물을 보고 자신들의 「학명이 없는」 표본을 린네의 표본과 비교할 수 있게 되었다.

컬렉션은 곧 스미드에게 명성과 영예를 안겨 주었다. 그는 의사 자격을 얻은 후 의학을 버리고 생애의 나머지를 생물학 연구에 바쳤다.

많은 사람이 스미드의 구입을 축하하여 편지를 보냈으며 칼라일(Carlyle)의 감독(Bishop)도 그 가운데 한 사람으로서 이렇게 말했다.

귀하의 값진 구입 덕분에 식물학의 왕국으로서 영국이 다른 모든 나라를 능가하게 되리라는 것은 의심할 여지가 없습니다.*

이 말은 1788년에 스미드가 취한 행동을 정확하게 예언하고 있다. 그해 그는 조세프 뱅크스와 다른 사람들의 원조를 얻어 식물학상의 발견과 개량의 증진을 목적으로 하는 새로운 학회를 만들 계획을 작성했다. 뒤에 그는 그 이유를 다음과 같이

---

* 「백과사전」

설명하고 있다.

뜻밖의 행운이라고밖에는 말할 수 없는 일연의 우연한 사건으로 린네가 갖고 있던 생물학이나 의학에 관한 모든 것(그의 장서, 모든 원고, 전 생애에 걸친 편지 몇 아들 린네가 유럽여행에서 입수한 모든 것)이 나의 손에 들어온 것이다. 나로서는 자신을 공공으로부터 위탁받은 보관인이라고 생각한다. 내가 이 보물들을 보유하는 것은 오로지 그것들을 세계와 생물학 일반에 쓸모 있게 만들기 위한 것이다.*

이 새로운 학회는 린네의 이름을 따서 지어졌고 그 문장(紋章)으로 린네가 몸에 지니고 있던 것을 채용하였다(린네는 스웨덴의 귀족으로 카를 폰 린네라고 불렸다). 스미드 박사는 런던의 린네학회(Linnaean Society of London)의 초대회장으로 선출되었다. 이 학회가 선언한 그 목적은 「생물학의 모든 분야, 특히 대영제국과 에이레의 생물학 개척」이었다. 1828년 제임스 에드워드 스미드 경[그는 이 학회의 창립 후 기사(Knight)가 되었다]이 죽자 린네의 컬렉션과 장서는 3,000기니(공공의 기부금으로 조달되었다)로 매입되어 린네학회에 기증되었다. 이것은 지금도 린네학회가 소유하고 있다.

스미드의 구입은 과학사(科學史)에서는 종종 있는 일이지만 뜻하지 않는 기회를 잡아서 커다란 이익을 얻은 사람의 본보기이다. 그 편지가 도착한 아침, 그가 마침 조세프 뱅크스와 아침식사를 하고 있었다는 행운은 스미드에게 개인적인 명성과 영예를 안겨다 주었을 뿐만 아니라 세계에서도 가장 유명한 과학학회 가운데 하나를 창립하게 한 계기가 된 것이다.

---

* 「린네협회보」, Transactions of the Linnaean Society, Vol. I 1791

사실은 추적당하지 않았다

오늘날 린네의 전기작가는 이제는 추적의 이야기를 믿지 않는다. 그러나 스미드 자신은 그 배가 추적되었다고 굳게 믿고 있었다. 또 〈왕립학회의 역사(History of the Royal Society)〉(1845)의 유명한 저자를 포함해서 빅토리아 시대의 많은 사람도 그렇게 믿었다.

일부 스웨덴 과학자들은 컬렉션이 스웨덴의 해안을 떠나게 되었다는 것을 알고 매우 슬퍼했던 것 같다.* 「애국심이 가득한 스웨덴 사람으로 자연과학에 열성적인 어떤 추진자」는 대리인을 통해서 이것을 사고 싶다고 제안해왔다.

그러나 그는 성공하지 못했다. 그래서 그 대리인은 국왕에게 청원해서 컬렉션이 국외로 나가는 것을 막는 명령을 내리게 하려고 하였으나 절차를 밟기에는 이미 늦었다.

스미드 자신은 스웨덴 과학자들이 보물을 잃어 실망하고 있는 것을 알고 다음과 같이 비난했다.

우리가 보면 웁살라 대학이 이만한 보물을 뻔히 알면서도 놓친 것은 확실히 그들에게는 불명예스러운 일이다. 그러나 린네의 이름을 가장 사랑하고 지키지 않으면 안 될 입장에 있는 사람들이 그들의 의무를 게을리한 것이라면, 내가 살아 있고 적어도 린네에게 경의를 표할 힘을 조금이라도 가진 한, 린네가 다른 친구를 갖고 싶어 한다든지 달리 피난처를 구하게 하는 등의 처지에 빠지게 내버려 두지는 않을 작정이다.

보이는 그림은 1807년에 출판된 린네의 분류법에 관한 유명

---

* 스토버, 「린네의 생애」

한 책에서 딴 것이다. 이 그림은 그 이야기를 세상 사람이 믿
도록 하는 데 크게 공헌한 것인지도 모른다.

추적이 사실이었는지 아닌지는 별개의 문제로 두고 1957년
에 한 스웨덴의 저술가가 이야기한 다음과 같은 논평은 많은
사람의 생각을 말해준다.

스웨덴 사람들에게 매우 쓰라린 것이었지만 이 보물들은 저 유명
한 학회(린네 학회)가 했던 것 이상으로 극진한 대우를 받을 수는 없
었을 것이다. 그리고 이 컬렉션들이 런던과 같은 세계적이고 과학의
중심지이기도 한 도시와 접할 수 있게 되었다는 것은 린네의 국제
적 명성을 높이는 데 있어서 말로 할 수 없을 만큼 중요한 역할을
하였다.*

* 우글라, 「린네」, A. H. J. Uggla, Linnaeus, 1957

13. 배좀벌레조개와 테임즈 터널

19세기 초 테임즈(Thames)강 밑에 터널을 만들어 로더 하이드(Rotherhithe)와 라임하우스(Lime House)를 연결할 목적으로 한 회사가 설립되었다. 회사 발기인들의 추신에 의하면 그 지점에서 매일 약 4,000명이 나룻배로 맞은편 강가까지 건너가고 있었다. 마차나 짐차가 건너편에 가려고 하면 그곳에서 3㎞나 떨어진 런던 교(London Bridge)까지 가야 했다. 그래서 터널을 만들어 보행자나 마차 같은 것도 지나가게 하면 반드시 돈을 벌 수 있을 것이라고 생각했다.

터널을 건설하려고 하는 최초의 노력은 실패했다. 이어 1824년 마크 이삼바드 브루넬(Sir. Marc Isambard Brunel, 1769~1849)에게 그 일이 맡겨졌다.

프랑스혁명이 일어났을 때 브루넬은 몇 해 전부터 프랑스해군의 장교가 되어 있었다. 그는 유명한 왕당파였으므로 혁명 후에는 고국을 떠나서 미국으로 건너갔다. 1799년에 영국에 돌아와서 곧 조선 기사(漕船技師)로서 이름을 떨쳤다.

실은 19세기 초부터 브루넬은 강 밑에 터널을 파는 일에 큰 흥미를 느끼고 있었다. 러시아 황제가 1814년 영국을 방문하였을 때 브루넬은 상트페테르부르크(St. Petersburg, 현재 레닌그라드)에 있는 네바(Neva)강 밑으로 터널을 건설할 계획을 제안하였다고 한다. 네바강은 떠다니는 얼음 때문에 배가 다닐 수 없는 경우가 많았다. 이 계획은 황제에게 받아들여지지 않았으나 그는 한층 용기를 돋우어 터널 굴착에 관한 연구를 계속했다.

120

배좀벌레조개가 브루넬에게 힌트를 주다

사람들이 어떤 특별한 일에 관해 항상 골똘히 생각하고 있을 때는 흔히 우연한 관찰이 뛰어난 방법에 관한 힌트를 줄 경우가 있다. 브루넬의 전기를 쓴 리처드 비미시(Richard Beamish)에 의하면 정말 이러한 일이 일어났다.*

브루넬은 차텀(Chatham)에서 자신의 연구를 완성해 가고 있었는데 그가 나에게 말한 바에 의하면, 어느 날 조선소 안을 걷고 있을 때 한 조각의 낡은 선재(船材)가 그의 주의를 끌었다. 그것은 잘 알려진 목재의 해충, 배좀벌레조개[학명은 타레도 노발리스(Taredo Novalis)]로 인해 구멍이 뚫려 있었다.

브루넬은 이 목재의 해충을 조사했다. 그 결과 이 조개가 선재나 방파제의 말뚝 같은 해수에 잠겨있는 목재를 해친다는 것, 또 이 조개의 구멍 파는 기관(器官)은 매우 강력해서 떡갈나무나 티크와 같은 딱딱한 나무라도 깊이 터널을 파나갈 수 있다는 것을 알았다.

배좀벌레조개는 작은 두 장의 껍질을 갖고 이것으로 몸을 보호한다(벌레라는 이름이 붙어 있으나 사실은 이매패류의 일종이다). 두 장의 껍질이 붙은 곳은 가장자리가 톱니 모양으로 어떻게 보면 강판과 비슷한 모양을 하고 있다. 조개는 구멍을 파기 시작할 때 먼저 빨판과 비슷한 다리로 몸을 나무에 단단히 고정한다. 다음에 강판과 비슷한 껍질의 가장자리를 나무에 꼭 대고 앞뒤로 흔들어 깎아낸다. 깎아낸 가루는 조개의 몸속에 삼켜지고 소화관을 따라 반대쪽 끝에 도달할 때까지 소화-흡수된

* 비미시, 「브루넬 경의 생애」, R. Beamish, The Life of Sir Marc Isambard Brunel, 1862

다. 조개는 나무속을 파 들어가는 동안에 일종의 액체를 내고 이것이 새로 판 터널의 표면에 발라져 단단한 내벽이 된다. 브루넬은 배좀벌레조개가 굴을 파는 방법에 주요한 특징이 세 가지 있다는 것을 알았다. 첫째, 이 생물은 튼튼한 껍질로 몸을 보호한다. 둘째, 굴을 파나감에 따라 깎아낸 나무를 뒤쪽으로 보낸다. 셋째, 새로 판 굴의 표면에 액체를 발라서 굴이 무너지는 것을 방지한다. 그래서 브루넬은 이러한 세 가지 요구를 충족시켜 주는 굴착 장치(掘鑿裝置)를 설계했다.

그는 배좀벌레조개의 껍데기를 흉내 내서 완성될 터널과 거의 같은 높이와 너비를 가진 커다란 철제의 실드(Shield, 방패)를 만들었다. 그것은 36개의 「작은 방」을 3층으로 쌓아 만들었으며 각 방은 갱부(坑夫) 한 사람이 편하게 들어갈 수 있는 크기였다(브루넬의 실드의 단면은 너비 10.8m, 높이 6.6m의 직사각형이었다. 그 이후의 실드는 거의 모두 단면이 원형이다). 터널의 입구로 예정된 곳에 구멍을 파서 그 속에 실드를 내렸다.

안에 들어간 36명의 갱부가 제각기 자기 앞에 있는 흙의 표면을 약 8㎝의 깊이까지 파냈다.

파낸 다음에는 노출된 흙의 표면에 판자를 댔다. 각자가 맡은 부분을 끝내면 실드는 앞으로 옮겨졌다. 그다음 흙이 무너지지 않게 댔던 판을 터널의 앞면에서 떼어 내고 같은 작업을 되풀이한다. 파낸 흙은 삽으로 뒤로 던지면 다른 갱부가 손수레로 터널 밖으로 운반해 낸다. 실드가 점점 전진해서 새로 파낸 터널의 측면과 천장이 노출됨에 따라 다른 노동자들이 곧 벽돌을 쌓아서 흙이 무너지는 것을 막는다. 이 작업은 어려웠다. 강바닥인 천장은 두 번의 인명 손실이 있었다. 그러나 브루넬은 굴복하지 않았다. 드디어 터널은 1843년 3월에 60만 파운드의 비용을 들여 개통되었다.

빅토리아 여왕, 터널을 구경

사람들은 이 신기한 건축물을 보려고 호기심에 불탔다. 회사의 간부들은 이곳을 「동네 명물」의 하나로 결정하고 얼마 동안 일반 대중에게 공개했다.

토요일과 일요일에만도 5만 명이나 요금을 내고 터널을 지나갔다. 입구에는 노점들이 즐비하게 늘어서서 갖가지 기념품을 팔았다. 그중에는 터널의 광경을 찍은 손수건도 있었다.

국왕일가까지도 이 특이한 터널을 보고 싶어 1843년 7월 26일 수요일에 이곳에 왕림했다. 어느 신문은 이 방문을 다음과 같이 기술하고 있다.*

왜핑(Wapping)은 노래로 유명하고 또 유쾌한 군주 찰스 2세 (Charles Ⅱ, 1630~1685, 재위 1660~1685)가 언제나 난장판 소동을 벌인 곳이었으나 그로부터 2세기 가까이 지나 또다시 대영제국의 군주가 방문하게 되었다. 이날은 이스트 엔드(East End)의 주민들에게는 길이 기억될 것이다(런던의 이스트 앤드는 주로 빈민이 살았으며 왕후 귀족이 발을 들여놓을 곳은 아니었다). 여왕과 앨버트 공(Prince Albert, 여왕의 남편)이 테임즈 터널로 온다는 사실이 급히 알려지자 회사의 사원들은 필사적으로 회사 간부들을 찾아내려고 했다. 비서는 기사장 이삼바드 브루넬 경을 찾아내려고 있는 힘을 다해서 뛰었으나 3㎞쯤 달려갔을 때 기사장이 거리에 없는 것을 생각해냈다. 비서는 헐레벌떡 다시 돌아왔으나 여왕이 도착했을 때는 숨이 너무

---

* 「펀치」, Punch, Vol. 3

차서 여왕의 질문에 하나도 대답할 수 없었다.

주주의 한 사람은—월터 롤리 경(Sir. Walter Raleigh, 1552~1618)의 옛 기사도(엘리자베스 1세가 흙탕물을 건너려고 할 때 롤리가 망토를 벗에 길에 깔았다는 고사가 있다)를 발휘하여—선반에서 선물용의 예의 손수건을 몇 장이나 꺼내서 여왕이 지나는 땅에 깔았다. (중략)

그런데 관계자 중에 더럽혀진 장화를 신은 사람이 있는 것을 알아차리고는 크게 당황하여 손수건을 주워 모아 가까스로 그들이 손수건을 짓밟아 더럽히는 것을 막았다. 손수건은 아주 싸구려였으나 국왕 일가가 그 위를 밟고 지나간 다음 땅에서 주워 모은 뒤 말하자면 놀랄만한 「출세」를 했다. 그 손수건은 한 장에 반(쑤) 기니로 그날 중에 모두 팔렸다.

이 터널은 1869년까지 보통의 도로교통으로 쓰였으나 그해 이스트 런던철도회사가 원 비용의 3분의 1을 조금 넘는 값으로 사서 공용 고속도로로서는 폐쇄되었다. 오늘날에는 이 터널에 지하철이 통하고 있다.

14. 워드의 케이스

18세기와 19세기에 걸쳐서 영국의 정치가나 실업가들은 대영제국의 식민지 개발에 몰두했다. 그러기 위한 하나의 방법은 상업적인 가치가 높은 동시에 식민지에 이식해도 잘 자랄 수 있는 식물을 선정하는 일이었다. 예를 들면 식물 가운데 담배는 신대륙에서 나탈(Natal, 남아프리카)에 이식되었다. 커피는 라이베리아(Liberia)로부터 극동의 일부 국가에 이식되었다.

키니네를 얻는 식물(키나나무)은 남아메리카에서 스리랑카(Sri Lanka, Ceylon)로 옮겨졌다. 브라질에서 가져온 고무나무의 씨앗은 말레이시아와 스리랑카의 큰 고무 밭을 탄생케 했다.

이러한 종류의 일에는 런던에 있는 큐 식물원(Kew Gardens) 과학자들의 도움이 컸다. 이 식물원은 1760년경에 국왕의 사유정원으로서 건립되었고 곧 유럽에서 가장 뛰어난 식물 컬렉션의 하나로 일컬어졌다. 1840년에 빅토리아 여왕이 즉위하자 이 식물원을 국가에 기증하였으므로 그 후 이것은 공공재원으로 유지되고 있다.

심고자 하는 식물의 씨앗은 큐 식물원에서 가져오는 경우가 많았는데, 이곳 온실 안에서 발아시켜 온도나 습도 등을 주의 깊게 조절하면서 키웠다.

강하게 자란 묘목은 그 후에 꽤 멀리 떨어져 있는 식민지로 발송되었다. 이 방법은 식민지에 종자를 직접 보내서 키우는 것보다 훨씬 뛰어난 방법이었다.

식민지에서는 묘목을 키우기 위해 전문가의 세심한 지도를 받는다는 것은 거의 불가능한 일이었기 때문이다.

126

나방의 사육에서 케이스의 힌트를 얻다

그러나 이 방법에도 심각한 문제가 있었다. 그중 하나는 긴 항해 기간에 어떻게 해서 묘목을 살리며 건강을 유지하느냐 하는 것이었다. 다행스럽게도 이러한 장치가 우연히 발견되었다. 여기에 넣어서 보내면 묘목이든 큰 식물이든 긴 항해 동안 돌보지 않아도 살려서 가져갈 수 있었다.

이 장치는 나다니엘 워드(Nathaniel Ward, 1578~1652)에 의해서 발명되었다. 그 자신은 다음과 같이 그 경위를 말하고 있다.*

내가 아주 젊었을 때 품었던 야심은 양치류(羊齒類)와 이끼로 덮인 낡은 벽을 갖고 싶다는 것이었다. 이 목표를 달성하기 위해서 나는 집 뒤에 있는 마당에 암석을 쌓아서 돌담을 만들고 그 꼭대기에 구멍을 많이 뚫은 관을 올려놓고 여기에서부터 물을 끊임없이 떨어뜨려서 바위 사이에 심은 식물들(두 종류의 양치류와 이끼류)을 키우려고 했다. 그러나 주변의 공장이 대량의 매연을 내뿜기 때문에 내가 키우던 식물은 곧 약해지기 시작했고 나중에는 말라 죽고 말았다. 나는 이들을 살리려고 매우 노력했으나 아무런 효과도 없었다.

그래서 그는 뒷마당에 정원을 만들려던 생각을 깨끗이 단념하고 자신의 취미를 정원 만드는 일에서 나방을 키우는 일로 바꾸었다. 1829년 여름에 주둥이가 넓은 병에 젖은 흙을 집어넣고 그 속에 참새 나방의 번데기가 나날이 성장하는 것을 관찰했다.

그러는 사이 어느 날 그는 「대낮에 따뜻할 때 흙에서 올라온

* 워드, 「밀폐된 유리케이스 안에서의 식물의 성장에 대하여」, N. B. Ward, On the Growth of Plants in Closed Glass Cases, 1852

습기가 유리표면에 응결된 후 다시 흙으로 돌아가서 흙이 언제나 같은 정도의 습기가 있도록 하는 것」을 관찰했다. 얼마 후에 「고사리와 풀의 싹이 흙의 표면에 모습을 나타냈다.」

워드는 자기가 쌓은 바위 울타리에서는 전혀 키울 수 없었던 식물이 어째서 저절로 유리병 속에서 돋아나오는 것인지를 이상하게 생각했다. 이러한 현상이 일어날 수 있는 본질적인 조건은 매연과 기타 고체 입자를 품고 있지 않은 축축한 대기와 빛, 열 그리고 씨의 휴면기간(休眠期間)일 것이라고 그는 생각했다.

그래서 워드는 기름칠함으로써 공기를 통과시키지 않는 명주로 병 입구를 덮고 서재의 창 밑에 내놓은 뒤 어떤 일이 일어나는지를 조사하기로 했다. 결과는 다음과 같았다.

식물들은 계속 잘 자랐다. 거의 돌보아 주지 않아도 되었다. 식물들은 여기에서 4년 가까이 자랐고, 풀은 1년에 한 번 꽃을 피웠으며, 양치류는 1년에 3~4개의 잎을 새로 만들어냈다.

워드의 케이스의 기능

이 실험이 성공한 결과 그는 「워드의 케이스」를 발명하게 되었다. 이 케이스의 대부분은 다음과 같은 그의 지도에 따라 제작되었다.*

높이 3㎝ 정도의 낮은 질그릇 항아리에 잔돌을 깔고 그 위에 이탄토(泥炭土)나 적토(赤土)를 골라서 넣었다. 여기에 식물을 심고 흙이 질퍽하도록 물을 넣어 준다. 그 후 항아리 위에 종 모양으로 생

---

* 워드, 「식물용 워드의 케이스」, S. H. Ward, Wardian Cases for Plants, 1854

긴 유리그릇을 덮는다[또는 유리의 프레임(Frame)을 위에서 붙인다].

「워드의 케이스」의 기초가 되는 원리는 성장하고 있는 식물이 흙으로부터 물과 양분을 취해서 잎의 기공을 통해 수증기를 방출하는 데 있다. 수증기는 유리 안쪽에 맺혀 물방울이 되어 흙으로 떨어진다. 그렇기 때문에 사실상 식물은 스스로 물을 주는 것이 된다. 그뿐만 아니라 잎이 방출한 수증기는 대기를 축축하게 만들기 때문에 이것은 식물의 성장에 아주 좋은 조건이 된다. 케이스는 틈바구니에서 나오는 바람이나 극단적인 더위나 추위로부터 식물을 지켜 준다. 또 식물은 시간을 정하고 손으로 직접 물을 줄 때처럼 생활이 교란될 걱정이 없다.

워드는 많은 케이스 속에 식물을 넣어 자기 집의 방들을 장식했다.

나는 이 발견을 통해서 먼지투성이의 도시 가운데 규모가 크진 않으나 시골에서 자연이 보여주는 매력과 순수성을 가져다주는 수단을 손에 넣었다고 생각해서 만족했다.

라고 그는 쓰고 있다. 다른 사람들은 이 케이스에 더 많은 용도가 있다는 것을 알게 되었다. 같은 시대에 살았던 어떤 사람은 이처럼 쓰고 있다.

이 케이스를 사용한다는 것은 원예가에게 있어서는 식물을 먼 나라에 수송한다든지 또는 먼 나라로부터 가져오는 데 그 이상 좋고 편할 수가 없다. 이전의 방법으로는 식물을 상자에 넣는다든가 혹은 항해 도중에 바닷물, 폭풍우 또는 온도의 변화 등 여러 가지 해로운 영향을 받으면서 자라게 내버려 두었다. 그 결과 수송 도중에 죽는 비율이 높았다.*

해외로 식물을 수송할 때 케이스가 어느 정도 도움이 되는지를 처음으로 실험한 것은 발명자인 워드 자신이었다. 1834년 2월 두 개의 케이스가 오스트레일리아의 시드니(Sydney)로 발송되었고, 거기에 양치류와 풀을 담아 영국에 다시 보냈다. 「이 식물들은 항해 도중 한 번도 물을 주지 않았으나 8개월 후에 케이스에서 꺼냈을 때는 매우 발육이 좋은 훌륭한 상태를 나타냈다.」*

키나의 묘목을 훔치다

1859년, 한 사건으로 워드의 케이스는 매우 중요하게 사용되었다. 영국의 탐험가 마컴(Sir. Clement Robert Markham, 1830~1916)은 페루를 여행했을 때 키나나무의 껍질이 의학적으로 큰 가치를 갖고 있다는 것을 알았다(4장 참조). 영국에 돌아가서 그는 인도성 당국을 설득해서 인도에 키나나무를 이식하는 계획을 세웠다. 그 때문에 자신이 다시 페루에 가서 그 묘목을 입수하기로 했다.**

마컴은 페루의 항구에 도착하자 두 개의 워드의 케이스를 그곳에 남겨 두고 한 떼의 원주민을 이끌고 키나나무가 자라고 있는 숲으로 갔다. 수풀 속에서 그는 키나나무의 묘목을 모아 물이끼 속에 조심스럽게 채워 넣고 돗자리 속에 집어넣은 다음 꿰매버렸다.

---

* 필드, 「첼시 식물원의 회고」, H. Field, Memoirs of the Botanical Garden Chelsea, 1878
* 「식물잡지부록」, The Companion of the Botanical Magazine, Vol. I, 1835
** 마컴, 「페루의 수피」, C. R. Markham, Peruvian Bark. 1880

항구로 돌아갈 준비가 완료되었을 때, 그가 사환으로 고용했
던 원주민 한 사람이 키아카(Quiaca)의 시장(요새 총독)으로부터
편지를 받았다. 시장은 다른 원주민으로부터 마컴의 행동에 관
한 경고를 받았기 때문이다. 시장은 그 사환에게 마컴을 체포
해서 키아카에 데리고 돌아오도록 명령했다. 그러나 사환은 이
명령을 거부했다. 그래서 시장은 마컴을 체포하기 위해 군대를
보냈다. 병사들은 전력을 다해 도망가는 마컴을 추적해서 마침
내 체포했다. 끌려오는 도중에 마컴은 자신의 연발총 덕분에
원주민 한 사람을 데리고 그곳을 도망쳤다. 두 사람은 키나나
무의 묘목을 두 마리의 노새에 싣고 눈으로 덮인 안데스산맥
(Mts. Andes)을 답파해야 하는 500㎞가 넘는 매우 험난한 도보
여행을 시작했다. 몇 주일의 고생 끝에 그들은 항구에 도착하
여 워드의 케이스 속에 묘목을 넣었다.

그러나 극복하지 않으면 안 될 또 하나의 곤란이 있었다. 세
관장이 리마의 재무 및 상공 장관으로부터 특별한 명령이 없는
한 케이스를 배에 싣는 일은 허가할 수 없다고 버티었기 때문
이다. 이러는 동안에 워드의 케이스 속의 식물들은 싹이 돋아
나 어린잎을 뻗기 시작하였으므로 케이스는 작은 증기선에 실
려서 다음 날 아침 기선에 싣기로 했다.

그날 밤 케이스를 지키고 있던 자를 매수해서 케이스에 구멍
을 뚫고 그 속에 끓는 물을 흘려 넣어서 식물을 죽이려는 계획
이 진행되었다. 다행이 이 음모는 성공하지 못하였고 그다음
날 케이스는 무사히 기선에 실렸다. 조금 지나서 출항 허가가
내려졌다.

배가 사우샘프턴(Southampton)에 도착하였을 때 200그루 이

상의 식물은 잘 자랐으며 건강했다. 이 식물들은 큐식물원에 보내어지고 잠깐 그곳에서 돌보았다.

이어 이 묘목은 다시 워드의 케이스에 넣어 인도로 발송되었다. 그러나 홍해(Red Sea)의 더위가 너무 심했으므로 모두 죽고 말았다. 다시 페루로부터 묘목을 가져와 역시 워드의 케이스에 넣어 이번에는 더 조심스럽게 인도로 수송되었다. 그 결과 묘목은 아무 탈 없이 인도에 도착하였고 그곳에 이식되어 무성하게 자랐다. 이 묘목이나 다른 묘목이 조상이 되어 키나나무는 동남아시아에 널리 재배된 것이다.

워드의 케이스는 1세기 이상 걸쳐서 광범위하게 사용되었다. 그러나 오늘날에는 항공수송이 발달하여 대체로 식물을 해외에서 매우 빠른 속도로 운반할 수 있게 되었으며, 덕택에 매우 효과적이나 꽤 다루기가 힘든 이 케이스의 필요성은 크게 줄어들었다.

그 대신 오늘날에는 가지각색의 폴리에틸렌(Polyethylene) 주머니가 사용되고 있다.* 그러나 워드의 케이스는 실험실, 박물관 그리고 연구용으로서는 지금도 큰 가치를 발휘하고 있다.

---

* 튜릴, 「큐 왕립 식물원」, W. B. Turril, The Royal Botanic Gardens, 1959

15. 도살장과 전장에서 비료가

뼈를 비료로 사용하게 된 것은 아마도 근대 농업에서 행한 노력 중에서 가장 중요하고 가장 성공한 예의 하나일 것이다. 그것은 해마다 증가하는 인구에 보조를 맞추어 국가의 곡물 생산을 양껏 증가시키기 위한 하나의 수단이었다는 것은 틀림없는 사실이다.

1844년 출판된 한 농업 서적의 저자는 다음과 같이 쓰고 있다.*

뼈 세공의 쓰레기가 비료로

전해 내려오는 이야기에 의하면 어떤 우연한 관찰이 뼈를 비료로 사용하게 한 실마리가 됐다고 한다. 18세기에 셰필드(Sheffield)에서 칼을 만드는 공업이 번창해서** 칼자루를 만들기 위해 뼈, 뿔, 상아 따위가 대량으로 사용되었다. 뼈나 뿔을 세공할 때 생기는 부스러기들과 불규칙하게 생긴 뼈나 뿔의 조각들이 어느 사이에 세공사의 가게 부근에 산더미처럼 쌓였다. 생각이 깊은 어느 관찰자는 이러한 뼈 부스러기의 산더미 부근에서는 다른 곳과 비교해서 잡초가 지나칠 만큼 무성하게 자라는 것은 틀림없이 뼈와 어떠한 관계가 있기 때문이라고 생각했다.*** 그래서 이 버려진 뼈를 약간 가지고 가서 자기 밭에 뿌려봤다. 과연 작물들은 뼈가 섞이지 않은 땅에서 자라는 것보다 훨씬 무성하게 성장했다.

---

* 존슨, 「비료에 대하여」, C. W. Johnson, On Fertilizers, 1844
** 『과학사의 뒷얘기 4』(과학적 발견), 16장 참조
*** 「기록과 의문」, Notes and Queries, Vol. 145, 1923

뼈 더미 둘레에는 잡초가 잘 자랐다

이 뉴스는 부근에 퍼져서 「세필드 가까운 메마른 토지를 갈던 다른 사람들도 이 부스러기를 스스로 가져가게 되었다. 뼈 세공사들은 처음에는 뼈 쓰레기가 치워진다는 이유로 매우 좋아했고, 농부들이 귀중한 비료를 공짜로 마음대로 운반해가는 것에 대가를 요구한다는 것은 전혀 생각조차 하지 않았다」라고 한다. 그러나 이렇게 해서 요크셔(Yorkshire)의 농부들이 「뼈가 된 후에는 아무 소용도 없다.」 격언이 사실이 아니라는 것을 알아차리게 되자 뼈 세공사들은 주저하지 않고 이 뼈 부스러기 한 짐에 얼마씩 대금을 받게 되었다.* 이로부터 몇 년이 채 지나기도 전에 농부들은 이 뼈의 공급을 다른 데서 구하지 않으면 안 되었고 곧 도살장에서 나오는 뼈가 인기를 끌게 되었다

---

* 존슨, 「골분의 용도」, C. W. Johnson, The Use of Crushed Bones, 1834

고 한다.

뼈가 훌륭한 비료가 된다는 것이 우연히 발견되었다는 이 이야기가 사실인지 아닌지는 알 수 없다. 그러나 어쨌든 1799년에 로버트 브라운(Robert Brown, 1773~1858)은 『웨스트 라이딩*의 농업개관』이라는 책에 다음과 같이 쓰고 있다.

뼛가루(骨粉)는 세필드 부근 30㎞에 걸친 모든 밭에서 많이 쓰이고 있다. 모든 종류의 뼈를 애써 모으고 또 운반해오기까지 한다. 뼈는 특히 이 때문에 만들어진 제분기(製粉機)를 통해서 가루가 된다. 골분은 아무것도 섞지 않고 지면에 뿌리는 경우도 있으나 비옥한 흙과 더불어 퇴비 속에 섞는 것이 제일 효과가 좋다고 여겨진다. 발효**가 일어난 다음에 지면에 뿌리는 것이 가장 적절한 시기이다.***

처음으로 뼈를 비료로 쓴 사람은 누구?

요크셔의 다른 지방에는 이와는 다른 이야기가 있다. 이 이야기에서 뼈가 훌륭한 비료가 된다는 것을 발견한 사람은 유명한 경주마의 주인인 수렵가 태튼 사익스 경(Sir. Tatton Sykes, 1772~1863)이다.

태튼 경은 언제나 많은 사냥개를 슬레드미어(Sledmere)에서 기르

---

* West Riding, 요크셔를 삼등분한 행정구역의 하나
** 인은 식물이 건강하게 자라는 데 없어서는 안 될 요소로서 뼛속에 인산칼슘으로 함유되고 있다. 인산칼슘은 물에 거의 녹지 않으나 발효과정에서는 녹을 수 있는 형태로 변하고 그 용액은 흙 속에서 식물에 의해 흡수된다.
*** 브라운, 「요크셔웨스트 라이딩의 농업개관」, R. Brown, A General View of Agriculture in the West Riding of Yorkshire, 1799

고 있었는데 개들이 뼈를 갉아 먹고 있는 장소 부근에서는 잡초가
매우 무성하게 나 있는 것에 주목했다. 그는 이것의 인과관계를 발
견하였으므로 뼈를 망치로 될 수 있는 한 잘게 빻은 것을 실험 비
료로 사용하기로 했다. 폭도프(Pockthorpe)에서 이루어진 최초의 실
험은 그의 추리가 옳다는 것을 뒷받침해 주었다. 처음에는 그의 신
기하고 변덕스러운 모양을 보고 웃는 사람이 많았으나 태튼 경은
여전히 빻은 뼈를 계속 사용해서 훌륭한 효과를 거두었으며 다른
사람들도 곧 그의 흉내를 내게 되었다. 이 처리방법은 땅이 잃어버
린 인을 도로 찾아 공급해 주는 데 큰 도움이 되었다. 이 때문에
포크튼(Folkton)의 글리브 농장(Glebe Farm)은 태튼 경이 있기 전에
는 1년에 240파운드의 수입밖에 올리지 못했으나 그가 사망할 즈
음에는 연 2,000파운드 상당의 수입을 올릴 정도였다.*

이 이야기는 한 걸음 더 나아가 그가 후에 뼈를 빻는 기계를
발명했다고도 말하고 있다.

1834년, 돈 캐스터(Don caster) 농업협회는 부근에 사는 농
부들에게 설문을 내서 뼛가루를 처음으로 사람이 누구냐고 물
었다.** 설문에 대한 답에 의하면 최초로 사용한 사람은 돈 캐
스터에서 얼마 떨어지지 않은 웜즈 워드(Warms Worrth) 마을
에 사는 세인트 레저 대령(Colonel St. Leger)으로 1775년의 일
이었다. 이 설문은 돈 캐스터 가까이에 사는 농부들에게만 주
어진 것이기 때문에 그 날짜가 영국에서 뼈 비료를 처음으로
사용한 해라고 단정할 수는 없다. 그러나 이 조사만으로도 뼈

---

* 블레익바러, 「슬레드미어의 사익스」, J. F. Blakeborough, Sykes of
Sledmere, 1929
** 「돈 캐스터 농업협회 보고서」, The Report of the Don caster
Agricultural Association, 1834

비료는 태튼 경이 그 「사용방법을 발견」하기 훨씬 전부터 사용
되고 있었다는 것을 알 수 있다. 왜냐하면 1775년이라 하면
태튼 경의 나이는 겨우 세 살이었기 때문이다. 그것은 그렇다
치더라도 그가 뼈의 가치를 앞에서 말한 바와 같은 경위로 독
자적으로 발견하였다고 생각할 수도 있다.

과인산석회의 발명

1837년의 어느 날 지주인 대커 경(Lord. Dacre)이 로덤 스테
드(Rotham Stead) 부근을 산책하고 있을 때 가까이에 사는 농
부 로즈(Rose)를 만났다. 두 사람은 농작물에 관하여 얘기했다.
대커 경은 아무 뜻도 없이 이렇게 말했다.

어떤 밭에서는 무 재배에 뼈가 훌륭한 효능을 발휘했는데 다른
밭에서는 전혀 효과가 없었습니다.*

그래서 뼈 비료의 가치에 관해서 논의가 시작되었는데 로즈
는 여기에 큰 흥미를 느껴 뼈 비료의 합리적인 사용방법을 연
구하기로 했다. 연구는 보기 좋게 성공하여 그 결과를 토대로
그는 6년도 지나지 않아 뼈를 원료로 하는 비료를 대량으로 제
조하게 되었다. 대커 경이 아무 뜻 없이 이야기한 짧은 말이
실마리가 되어 로즈는 인조비료의 지도적인 선구자가 되는 길
로 접어든 것이다. 인조비료 공업은 19세기 말에는 세계의 화
학공업 가운데서도 가장 중요한 부분이 되었다.

로즈가 이 연구를 추진하는 동안 유명한 독일의 화학자 유스
투스 폰 리비히(Justus von Liebig, 1803~1873)도 역시 식물을

---

* 「영국인명사전」, Dictionary of National Biography

화학적으로 연구하고 있었다. 과학자들은 얼마 전부터 뼈가 비료로서 효과를 나타내는 것은 인산칼슘 즉, 당시 보통 인산석회라고 불린 물질을 품고 있기 때문이라는 것을 알고 있었다.

1840년에 리비히는 인산칼슘이 황산에 녹는다는 것과 식물은 그 용액으로부터 곧 인을 영양으로 흡수할 수 있다는 것을 발표했다. 그렇기 때문에 인산칼슘을 황산에 녹인 것은 가루로 만든 뼈보다 훨씬 뛰어난 것이었다. 뼈는 흙 속에서 천천히 진행되는 자연적인 발효과정을 거쳐 비로소 그 인산성분이 흡수되기 때문에 효과를 나타내기까지 제법 시간이 걸렸다. 뼛가루를 산에 녹여서 만든 용액이 뛰어난 또 하나의 이유는 뼛가루 속에서 산에 녹는 부분은 아무 처리도 하지 않은 뼛가루에 비해서 같은 무게에 대해 비료로서 4배의 가치를 나타내고 있다는 점이다.

로즈는 1842년에 인조비료제조법의 최초 특허를 얻었다. 그는 이 비료를 「과인산석회」라고 이름 붙였다. 그것은 뼈뿐만 아니라 역시 인산칼슘을 풍부하게 함유한 새로 발견된 암석 「분화석(糞化石)」도 원료로 사용하여 황산을 가해서 녹여 만든 것이다.

로즈가 자신의 인조비료를 처음으로 선전한 역사적인 광고는 〈원예신문(The Gardener's Chronicle)〉의 1843년 7월 1일호에 나왔다. 그것은 꽤 조심스러운 것으로서(보통의 일단짜리로 폭 3㎝ 이하였다) 광고문은 다음과 같다.

J. B. 로즈의 특허 비료. 과인산석회, 인산암모늄, 실리콘산 칼륨 등으로 이루어짐. 현재 그의 공장[런던의 강 입구 뎁트퍼드(Deptford)에 있음]에서 판매 중. 값은 1부셸(Bushel)에 4실링 6펜스. 이 물질

들은 따로 따로도 살 수 있음. 과인산석회만는 퇴비, 분뇨저장소, 가스액 등의 암모니아를 고정하는 데 추천함. 값은 1부셸당 4실링 6펜스.

그 후에 로즈의 제조법의 특허권에 관해 논란이 일었고, 사태를 매듭짓는 데는 법원의 개입이 필요했다. 분명한 것은 과인산염을 처음으로 생각해낸 것은 로즈도 아니며 리비히도 아니라는 사실이다. 그러나 두 사람 모두 이 비료의 수요를 일으키게 한 원동력이 되었다.

영국인들은 사람 뼈를 쓴다고 비난받다

과인산석회의 수요를 충당하기 위해 유럽의 도살장에서 대량의 뼈가 수입되었으나 곧 이것만으로는 공급이 충분치 않다는 것이 확실해졌다. 리비히는 이 문제에 깊은 관심을 가지고 영국은 공평하게 할당되는 것 이외의 뼈를 입수하고 있다고 생각했다. 이 부당한 행동을 저지하려고 리비히는 영국이 죽은 사람의 뼈, 특히 전투에서 살해된 병사의 뼈를 원료로 사용하는 것은 하늘을 무서워하지 않는 행위라고 비난했다.

그의 주장은 다음과 같았다.

영국은 다른 모든 나라로부터 비옥한 조건을 빼앗아 가고 있다. 뼈를 갈망한 나머지 이미 라이프치히(Leipzig), 워털루(Waterloo), 크림(Crimea, Krymskiy)의 전장을 파헤쳤다. 또한 시칠리아(Sicilia)의 지하묘지(Catacombs)로부터 여러 세대의 해골을 운반해갔다. 매년 영국은 다른 나라들로부터 사람 350만 명분에 상당하는 비료를 가져갔다. 흡혈귀(Vampire)처럼 영국은 유럽의(아니 전 세계의) 머리에 달라붙어 여러 나라 국민에게 그들에 대한 정의 따위에는 아랑곳하지 않고 심장의 혈액을 빨아간다.*

어떻게 보면 리비히는 자신도 크게 공헌한 하나의 발견을 로즈가 상업적으로 발전시켜 큰 성공을 거둔 것을 질투했는지도 모른다. 혹은 자신의 조국이 새로운 비료의 제조를 영국만큼 크게 추진시키지 않았으므로 실망한 것인지도 모른다. 그러나 비료제조 업자가 사람의 뼈를 사용하고 있다고 말한 것은 리비히 한사람만은 아니었다. 패리(Frey)는 일찍이 1813년에 배편으로 영국에 들어와 쌓인 뼈 일부는 무덤에서 파온 것이라는 이야기를 들었다고 말하고 있다.** 1856년에 어느 잡지에는 다음과 같은 기사가 실렸다.

나는 북독일의 봉안당에 안치되어 있던 뼈가 대량으로 하루 만에 운반되었는데 이곳에 온 배의 짐은 대부분이 사람 뼈라는 이야기를 들은 적이 있다.***

1년 후 다른 통신원은 이렇게 쓰고 있다.

나는 뼛가루의 산더미 속에서 사람의 집게손가락 뼈를 본 적이 있다. 또한 러시아와 독일의 커다란 전쟁터는 파묻혀 있는 뼈를 얻기 위해서 파헤쳐졌고, 이렇게 해서 얻은 뼈는 비료로 만들기 위해 영국에 운반되었다는 이야기를 들은 바 있다.****

---

* 에익먼, 「퇴비와 시비의 원리」, C. M. Aikman, Manures and Principles of Manuring, 1902
** 패리, 「더비셔의 농업개관」, J. Farey, A General View of the Agriculture of Derbyshire, 1813
*** 「기록과 의문」, 1856
**** 「기록과 의문」, 1857

16. 문 받침돌과 인 광상

구아노와 인 광석

15장에서 설명한 바와 같이 1850년대에 이르러 인을 함유한 비료의 수요가 엄청나게 늘어나서 뼈 이외에 인의 원료가 될 수 있는 것을 발견하지 않으면 안 되었다.

이러한 원료의 하나로 구아노(Guano)가 있다. 이것은 1840년 경부터 유럽으로 들어와 농부들 사이에서 많이 이용되었다. 구아노는 펠리컨, 펭귄, 갈매기 등 해조(海鳥)의 똥이나 이들의 시체, 해마(Sivuch) 등의 바다짐승의 사체가 바탕이 되어 생긴다.

열대지방의 뜨거운 햇살을 받아 이 물질들은 모두 바싹 말라서 수백 년간이나 아무런 변화를 받지 않은 채 남아 있다. 구아노의 광상(鑛床)은 페루, 북아메리카의 일부, 서인도제도, 태평양의 일부 섬에 풍부하게 있었다. 잉카(Inca) 민족은 에스파냐 사람에게 정복되기 훨씬 전부터 구아노를 농업에 이용했다. 구아노는 매우 귀중한 것으로 생각되어 번식기에 광상 부근에서 해조를 죽이는 것이 발견되면 그가 누구든 간에 관계없이 사형에 처할 정도였다.*

장소에 따라서는 구아노가 수천 년이 지나는 사이에 그 밑에 있는 암석과 융합되고 서로 다져진다. 이것을 보통 인광석이라고 한다. 로즈가 출원한 특허(15장 참조)에는 많은 종류에 걸쳐 인광석의 어느 것으로부터도 비료를 제조할 방법이 기록되어 있다. 이미 그는 분화석(糞化石)으로부터 비료를 만들어 냈다. 그러나 그 수요에 미치지 못하게 되자 다른 인광석을 급히 찾

---

* 「기록과 의문」, 1850

지 않으면 안 되었다. 그중에는 산호초(珊瑚礁)에 생기는 특별한 인광석도 포함되어 있었다. 이 종류의 광석은 1856년경에 처음으로 비료의 원료로 사용되었다.

다음 이야기는 산호초에서 만들어지는 인광석 특히 남태평양에 있는 오션(Ocean)섬, 나우루(Nauru)섬이라는 두 개의 작은 산호초에서 얻어지는 것과 관계가 있다.

문 받침돌은 인산을 포함하고 있었다

이 두 섬은 1880년에 독일에 합병되었으나 1차 세계대전 후 영국의 신탁통치령이 되어 길버트-엘리스 제도(Gilbert and Ellice Islands)의 영국 직할 식민지의 일부가 되었다. 이곳에는 무수히 많은 해조(그 가운데 몇 종류는 오늘날에는 멸종되었다)가 살았으며 이곳에서 생기는 구아노가 수천 년을 지나는 동안 그 밑의 산호층과 융합해서 딱딱한 암석이 되었다. 그것은 지면 가까이에서 발견되지만, 그 아래쪽으로 120m 깊이까지 이르고 있고 인산을 80~90% 함유한 풍부한 인광석이다. 또한 이 광상은 넓이도 엄청나게 넓어서 섬의 전부를 차지하고 있다.

이 귀중하고 광대한 인광석의 자원은 1900년에 퍼시픽 아일랜드 회사(Pacific Islands Co.)에 고용된 한 분석화학자가 우연히 발견하여 이것의 존재를 기록해 놓기까지는 누구도 몰랐다. 이 회사는 섬 주민들을 상대로 야자나무, 진주조개의 껍데기, 구아노 등을 사들이고 있었다. 1899년에는 이미 알려진 인광 자원은 거의 고갈되어 버렸으므로 회사 간부들은 파산의 가능성까지도 진지하게 고려해야 했다. 이때 우연히 일어난 일에 관해서는 이 「우연한 관찰」을 한 화학자가 말하고 있다.* 화학

엘리스와 문 받침으로 사용된 돌

자 앨버트 엘리스(Albert Ellis, 이후 앨버트 경이 되었다)는 퍼시
픽 아일랜드 회사의 한 간부의 아들로서 아버지는 특히 오스트
레일리아와 뉴질랜드를 상대로 하는 사업에 깊은 이해관계가
있었다.

어느 날 엘리스는 시드니(Sydney)에 있는 자기 실험실에서
문이 닫히지 않게 받침대로 사용하고 있던 큰 돌덩어리를 주의
깊게 살펴보았다. 그는 이것이 길버트 및 엘리스 군도의 어느
섬에서 나는 돌과 비슷하다고 생각했다. 돌을 자세히 살펴보았
더니 그것은 3년 전에 그 회사의 지배인이 나우루섬에서 발견
하여 가져온 것으로서 화석화(化石化)된 나무 조각이라고 일컬어

---

* 엘리스, 「오션섬과 나우루섬」, A. F. Ellis, Ocean Island and Nauru.
1935

짐을 알게 되었다.

그 후 얼마 동안 앨리스는 돌덩이를 그대로 내버려 두다가 드디어 어느 날 이것을 조금 잘라서 분석하게 되었다. 그 결과 암석이 인산을 많이 함유하고 있음을 알게 되었다. 회사의 지배인에게 있어서 이것은 굉장한 뉴스였다. 그는 나우루섬에 똑같은 암석이 많이 있다는 것을 알고 있었기 때문이다. 그뿐만 아니라 또 하나의 섬, 오션섬도 그 구조가 나우루섬과 비슷하다는 것을 알고 있었다.

이리하여 그는 다음에 이 섬들로 가는 배의 선장에게 지시해서 두 섬에서 암석의 견본을 가져오게 했다. 이 견본을 시드니의 실험실에서 분석한 결과 인산을 풍부하게 함유하고 있음이 확인되었다. 엘리스와 지배인이 기뻐했던 것은 두말할 필요도 없다.

방대한 인 자원

회사는 서둘러 암석을 파내서 오스트레일리아로 가져가 인산 비료로 만드는 작업을 개시했다. 우선 오션섬에서 1900년부터 발굴이 시작되었고 6년 후에는 나우루섬에서도 시작되었다.

이 광상들의 가치는 엄청난 것이었다. 그것은 대전 전의 오스트레일리아의 인광석의 중요한 공급원이었고 그 후에도 오스트레일리아, 영국, 뉴질랜드의 비료공장들에 많은 원료를 공급했다. 예를 들면 1953~1955년 오스트레일리아는 이 광산들에서 제조된 과인산비료를 200만 톤 가까이 팔았다.

앨버트 엘리스 경은 후에 이르러 광산 발견의 실마리가 된 그 돌덩이가 왜 오랫동안 사람의 눈에 띄지 않는 장소에 뒹굴

인광의 채굴

고 있었는지를 다음과 같이 설명하고 있다.

중년이 지난 시드니의 한 신사는 점심식사 후 40분간 낮잠 자는 버릇이 있었다. 식사가 끝나면 그는 사무실로 돌아와 층계를 올라간 다음, 실험실 옆에 있는 조요한 작은 방에 들어가는 것이었다. 그곳에는 길버트섬에서 만든 부드럽고 큰 멍석이 둘둘 말아져 있었다. 이것을 펴면 매우 편리한 요가 되었다. 다음에 옆에 있는 큰 돌덩이를 그의 즉석 침대 머리맡에 놓고 윗도리를 둘로 접어 그 위에 얹어 놓으면 매우 훌륭한 베개가 되었다. 몇 달 동안이나 신사는 낮잠을 자고 있었으나, 자기가 벤 배 개가 인광석 덩어리였다는 것은 전혀 상상도 못 했다. 이 돌이야말로 1900년 초에 나우루 섬과 오션 섬의 광산이 발견되는 실마리가 된 바로 그 돌이었다.*

* 엘리스, 「산호해에서의 모험」, A. F. Ellis, Adventuring in Coral Seas, 1936

17. 곰팡이와 감자 기근

곡물법과 필 수상

영국제도에서 곡식의 수입과 수출을 규제하는 법령은 곡물조령(穀物凋零)이라고 불렸으며, 수백 년 전부터 내려왔다. 특히 19세기 전반에 제정된 「곡물법」은 수입되는 밀 전부에 관세를 부과함으로써 영국의 농업 경영자를 외국과의 경쟁에서 지켜주었다. 관세의 비율은 때에 따라 적당히 변동시켜 싼 외국산 밀도 영국 시장에서는 언제나 국산 밀과 같은 값으로 팔리도록 했다.

이 무렵에 영국은 공업이 급속히 발전하고 있었고 공업지대에 사는 많은 사람은 이 관세의 부과를 강력히 반대했다. 그들은 관세가 빵값을 함께 올릴(사회의 희생의 대가로 농업경영자의 주머니를 가득 채워줄) 뿐만 아니라 외국인이 그 보복으로 영국의 상품에 관세를 부과하면 영국 사람이 기계나 직물 따위를 해외로 파는 데 곤란을 겪게 될 것이라고 주장했다.

두 개의 정당은 이에 대해 정반대의 생각을 하고 있었다. 토리당(Tory)은 보호무역을 신봉하였으나 휘그당(Whig)은 모든 수입관세의 철폐를 강력하게 주장하고 「문화개방」의 슬로건을 내세웠다.

이번 이야기는 1845년에 시작되지만, 당시는 로버트 필 경(Sir. Robert Peel, 1778~1850)을 수상으로 하는 토리당의 정부가 4년 동안 집권하고 있었다. 로버트 필이 전부터 농업의 보호에 품었던 의견은 차츰 변해가고 있었다. 그 때문에 그해의 전반에 그의 정책은 관세를 점차 완화하는 방향으로 전환하고 있었고, 이것을 전적으로 폐지하려는 기미마저 보였다. 그의 전기 작가 중 한 사람이 쓰고 있는 바와 같이 「관세를 폐지하고자 하는 커다란 결심을 궤도에 올려놓는 것은 약간의 조처만 취하면 될 수 있었다.」* 그러나 일단 그것을 실천하면 그 반발이 엄청날 것이 분명했다. 왜냐하면 보호무역주의를 부르짖는 토리당의 지도자인 그가 어떤 이유에서든 하나의 상품에 대해서 보호를 포기하는 결과가 되기 때문이다.

감자는 에이레 사람의 주식이었다

결국 관세의 폐지까지 초래하게 된 일련의 사건이 일어난 것은 유럽의 일부 지방에서 알려지지 않은 새로운 감자의 병이 유행하고부터였다. 그 병은 감자밭을 온통 「악취가 코를 찌르는 쓰레기더미」로 만들어 버렸다. 1845년 8월에 이르러 이 병은 영국에도 퍼졌고 9월에는 에이레(Eire, Ireland)까지 퍼졌다.

에이레에서의 영향은 특히 심각했다. 왜냐하면 200여 년 전부터 에이레 인구의 반은 감자를 주식으로 해왔기 때문이다.**

이 식물은 월터 롤리 시절에 에이레에 이식되어*** 17세기 에이레 반란 때는 인기 있는 작물이 되었다. 농민들은 전란으로 심한 곤경에 빠져 귀리나 밀 따위는 적의 군대가 완전히 엉망으로 만드는 것을 몸소 체험했다. 자라던 작물은 발길에 짓밟혀 못쓰게 되고 수확한 것은 불에 태워 버리거나 통째로 가져가 버렸다. 그러나 감자의 경우는 전쟁 때에 안성맞춤인 작물이었다. 감자밭은 간단히 망가지지 않았다. 적이 장시간에 걸쳐

---

* 파커, 「로버트 필」, C. S. Parker, Robert Peel, 1899
** 「로버트 필」
*** 『과학사의 뒷얘기 4』(과학적 발견) 3장 참조

밭을 파헤치거나 땅을 체로 치거나 한다면 별문제이지만.*

　가난한 에이레 농민은 생활은 잉글랜드 농민의 생활과 매우 달랐다. 그들 대부분은 오막살이에서 살았고 음식은 모자랐고 의복도 형편없었다. 대부분은 매년 매 주일 동안 품삯 없이 일하고 그 대신 좁은 땅덩어리를 자유롭게 사용하도록 허락받았다. 이 작은 토지로 그들은 가족 전부가 충분히 먹을 만큼의 감자를 수확하였을 뿐만 아니라 기타 필요한 식량 대부분을 재배했다.**

　이런 생활을 하는 사람들에게 감자는 수확이 극히 크다는 이점을 갖고 있었다. 즉 한 포기 풀에 많은 감자가 달린다는 것이다. 어떤 계산에 의하면 1에이커(Acre, 4046.8㎡)의 토지에서 1년에 18,000㎏의 감자가 수확된다. 그 감자는 이듬해 6월경까지 먹을 수 있는 상태로 보존될 수 있었다. 비축해놓은 감자가 동이 나면 사람들은 귀리나 밀을 먹고 살았다. 그래서 6부터 새로 감자가 수확되는 10월까지의 모든 달을 「가루의 달」이라고 불렀다. 1에이커의 토지로부터 감자 18,000㎏이 수확된다고 하면 「가루의 달」을 제외한 1년간 매일 70㎏씩 먹을 수 있다는 계산이 된다. 19세기 초의 에이레 사람들은 감자를 뜨거운 물로 삶거나 굽거나 가루로 만들어 하루에 4~5㎏을 먹을 수 있었다. 그래서 1에이커의 밭이 풍작이라면 대가족을 충분히 부양할 수 있었다. 이것은 바로 그 시대 사정에 알맞은 것이었다. 왜냐하면 18세기 말경부터 에이레의 인구는 무서운 기세로 증가하기 시작한 까닭이다. 1785년에는 약 285만이었으

---

* 호튼, 「농민 및 상업의 컬렉션」, J. Houghton, Collections in Husbandry and Trade, 1728
** 「로버트 필」

나 1845년에는 약 3배인 830만으로 불어 있었다.

다음의 기술은 이 사람들의 대부분이 어떤 음식을 먹었는지를 분명히 말해주고 있다.

감자를 더운물로 삶은 다음, 껍질을 벗기지 않은 잔가지로 짜서 만든 바구니에 넣어 문간의 층계에 놓아서 물이 빠지게 했다. 다음에 엄지손가락 손톱으로 껍질을 벗겼다(이 때문에 손톱을 어느 정도 기르는 것이 습관이었다). 이것이 가난한 지방의 주식이었다. 고기는 크리스마스나 부활제 이외에는 거의 먹지 못했다. 감자에 생선을 곁들일 때는 생선을 바구니에 넣어 손으로 먹었다.

소금물이나 우유를 냄비에 담아서 식탁 곁에 놓고 감자에 이것을 발라 먹는 것이 보통이었다. 먹다 남은 것이 있으면 감자과자를 만드는 데 사용했다.*

무서운 감자 기근

1845년 10월, 정부는 감자 병의 영향을 조사하는 위원회를 만들었다. 이 위원회는 아직 병에 걸리지 않은 감자를 구제하려면 어떻게 하면 좋은지에 대해서 보고한 바 있으나 병의 원인을 밝혀내지는 못했다. 그러나 어떤 사람은 이 병이 기상사태에 의해서 일어난다고 생각했다. 다른 사람들은

감자의 생명력이 다했기 때문이라고 상상했다. 많은 사람이 전기의 작용을 믿어, 병에 걸리게 된 감자밭 위에서는 밤이 되면 푸른 빛이 번쩍번쩍 비치는 것이 보인다고 말했다. 곤충, 지렁이, 서리

---

* 에드워즈, 윌리엄, 「대기근」, R. D. Edwards & T. D. Williams, The Great Famine, 1956

탓이라는 설도 각각 그 나름의 지지를 얻고 있었다.*

그 원인이 무엇인지는 알 수 없었으나 11월이 되자 한 유명한 에이레의 지도자는 긴급대책이 취해지지 않는 한, 기근과 질병이 눈앞에 다가올 것을 심각하게 경고했다.

그때까지 수확의 3분의 1이 망가졌으며, 시골에서는 밭도 빈터에도 먹을 수 없게 되어버린 감자로 뒤덮여 이것이 썩어서 악취를 풍기고 있다고 말하면서 그는 다음과 같이 말을 덧붙였다.

만약 로버트 필이 이 경고에 귀를 기울이지 않는다면 그는 무수한 사람들을 죽인 죄로 문책당하게 될 것이다. 어째서 그는 문화를 개방하지 않는가? 모든 외국의 정부들은 그렇게 하고 있다. 사느냐 죽느냐 하는 문제가 이제 눈앞에 다가오고 있다. 국민들에게 먹을 것을 줘라.**

시골은 정말로 그 광경이 비참했다. 1846년에 쓴 기사는 다음과 같이 말하고 있다.

1주일이 지나기도 전에 (중략) 시골 전체의 모습이 바뀌었다. 줄기는 밝은 녹색을 띠고 있었으나 잎은 말라 검게 되었다. 밭은 마치 불타버린 것과 같이 검게 보였고 감자는 기껏해야 유리구슬이나 비둘기 알 정도의 크기로 되었을 뿐, 성장이 멈추곤 했다.***

정부는 서둘러 임시방편의 구제대책을 세웠다. 그것은 수천 명의 노동자에게 일과 임금을 주고 다량의 옥수수를 외국에서

---

* 「그림 런던 뉴스」, 1846. 8. 22
** 「그림 런던 뉴스」, 1846. 8. 22
*** 카티, 「에이레」, J. Carty, Ireland, 1949

152

사들여오는 일이었다. 그러나 감자와 대체될 수 있는 것을 긴급히, 더구나 대량으로 찾아낸다는 것은 거의 불가능한 일이었다. 겨울이 지날 무렵엔 수백 만의 에이레 농민들이 아사 상태에 이르렀다. 그들의 고통은 엄청났으며 수천 명의 사람이 굶주려 시름시름 죽거나 기근 열로 말미암아 죽어가고 있었다.*

곡물법의 폐지와 필 수상의 사임

자유 무역론자들은 곡물관세의 폐지를 실현하기 위해 이 무서운 재난을 최대한 이용했다. 로버트 필은 관세의 폐지에 관해 이전부터 진지한 고려를 베풀어 왔으나 에이레 농민들의 비운은 그에게 커다란 영향을 주었다. 웰링턴 공(Ist Duke of Wellington, Arthur Wellesley, 1769~1852)은 이것을 알고 「에이레의 기근이 계속되고 있는 가운데 로버트 필이 보인 번민의 그 이상을 이제까지 한 번도 목격한 적이 없다」라고 썼다. 또 다른 기회에 그는 부패한 감자가 로버트 필을 부들부들 떨게 했다고도 했다.

에이레 사람에게 동정한 것인지 혹은 썩은 감자를 무서워한 것인지는 알 수 없으나 어쨌든 로버트 필은 의회에 곡물법의 효력을 정지하는 제안을 하기로 작정했다. 소수의 각료는 반대했으나 웰링턴 공은 이를 강력히 지지했다. 공은 일반적인 자유무역에는 반대하였으나 「농촌에 잘해주는 정부는 곡물법보다 중요하다」고 믿고 있었으므로 로버트 필의 제안에는 반대하지 않았다.

의회에서는 격렬한 논쟁이 계속되었고 꽤 늦어지긴 했으나

---

* 올딩턴, 「웰링턴」, R. Aldington, Wellington, 1946

에이레 이민의 출발

드디어 1846년 6월에 곡물법을 폐지했다. 의회가 곧 이것을 의결하게 되자 이전의 로버트 필의 동료의 대부분, 즉 보호 무역론자들은 정적(政敵) 휘그당과 손을 잡았다. 로버트 필은 곧 권좌에서 쫓겨나고 두 번 다시 대신(大臣)이 되지 못했다.

감자 병의 원인은 곰팡이

곡물법의 폐지는 즉시 에이레를 구출하지는 못했다. 사람들의 기대와 기도의 보람도 없이 병은 사라지지 않았고 1846년에는 앞선 해보다 매우 넓은 범위로 감자밭을 침범한 것이다. 피해는 지난해의 거의 2배에 이르렀다. 지난해에 침범된 지역은 한 군데도 구출되지 않은 데다가 새로운 많은 지역이 추가되었고 어디서나 그 파괴가 더욱 심각했다.

이 기근이 일어난 2년 동안 어느 정도의 사람이 죽어 갔는지에 관해서는 계산이 각각 다르다. 아마도 20~30만이 굶주림 또는 식량부족에서 오는 열병으로 죽었을 것이다.* 「굶주리는 에이레인」들은 잉글랜드에 몰려들어 수천 명이나 기근 열로 죽었다.

그들은 이민선에 쇄도하였고 많은 사람이 배 위에서 또는 목적지에 도달하고 나서 죽어갔다. 기근이 끝난 후에도 이 대량 이민은 계속되었고 대개는 미국으로 건너갔다.

국외로 나가는 사람의 수가 많이 늘어났기 때문에 기근 전의 에이레 인구는 830만이었으나 5년 후에는 겨우 660만 명밖에 되지 않았다.

과학자들은 이 감자 병을 신중히 연구하였는데 그중 한 사람은 이것을 다음과 같이 기술하고 있다.

잎 위에 검은 얼룩이 나타나는데 잎의 뒤쪽을 조사하면 얼룩의 가장자리에 미세한 회색의 곰팡이 비슷한 균사를 눈으로 볼 수 있다.

그는 계속해서 말한다.

이 곰팡이 비슷한 것은 버섯과 비슷한 균사를 가지고 있으나 이 균사는 가장 가는 거미줄보다 가늘고 희며 길다. 균사는 잎의 세포 사이의 틈새에서 발육 잎 뒤쪽에서 기공을 통해 밖으로 튀어나온다. 밖으로 나오면 각 균사의 한쪽 끝에 씨앗이 들어 있는 속이 빈 번쩍 번쩍 빛나는 구슬 같은 것이 생기고 씨앗은 때때로 눈처럼 이 구슬 밖으로 흩어진다.**

---

* 「케임브리지 현대사」, Cambridge Modern History, Vol. XI, 1909
** 「그림 런던뉴스」, 1846. 8. 29

로버트 필 수상, 사임하다

이처럼 흰 균사를 갖는 식물을 곰팡이, 광범위하게는 균류라고 부른다. 균류는 잎도 없을 뿐만 아니라 식물체에 녹색을 띠게 하는 물질도 갖지 않으며 꽃이 피지 않을뿐더러 열매도 맺지 않은 식물이다. 이 과학자가 씨앗이라고 한 것은 지금에는 포자(胞子)라고 불리고 있다. 포자는 매우 작고 바람에 날려 공중을 떠돈다. 포자 중 하나가 적당한 잎에 붙으면 성장을 시작한다. 이 식물은 잎을 만드는 물질을 먹고 살므로 이것이 붙은 식물은 점점 쇠약해지고 마침내 썩고 만다.

1846년 〈연차기록(Annual Register)〉은 지난해에 일어난 주요 사건을 요약해서 다음과 같이 기술하고 있다.

1845년이 저물 무렵은 전혀 생각조차 할 수 없었던 무서운 정치 사건으로 장식되었다. 로버트 필 내각은 겉으로 봐서는 순조롭게 절정기에 달했으나, 그런데도 돌연 사임하지 않으면 안 되었다. 광범위한 감자 병의 출현이 최근에 있어서 가장 강력한 내각의 하나를 파탄에 이르게 한 것은 참으로 기묘한 일이라고 생각될 것이다. 그러나 로버트 필 경이 수상직을 사임해야만 했던 필연성은 얼핏 보아 이 사소한 원인 속에서 찾을 수 있었다.

앞 페이지의 그림은 로버트 필이 수상으로서 마지막으로 하원을 나서는 장면이다(왼쪽 위 구석에 병에 걸린 감자가 보인다).

감자 병이 빚은 또 하나의 결과는 생사에 관계되는 수년간의 체험으로 에이레 사람들이 장래의 기근을 매우 무서워하게 되었다는 것이다. 이 공포는 40년 후에 이 감자 병이 최종적으로 정복되기까지 사라지지 않았다(18장 참조).

18. 장난꾸러기 소년과 곰팡이

매독(Medoc) 지방은 수백 년 전부터 프랑스의 주요한 포도주 생산지의 하나였다. 지롱드(Gironde)강이 이곳을 지나 보르도 (Bordeaux)에 이르러 바다로 흘러 들어가지만, 이 강이 적당히 흙을 적시기 때문에 포도재배에 꼭 알맞은 토질이 되어 있다. 포도에는 자연의 적이 많이 있는데 때에 따라서는 이것이 포도 원에 가혹하리만큼 큰 손해를 입혔다. 예를 들면 1851년에 오 이디엄(Oidium)이라고 불리는 곰팡이가 처음으로 나타나서 커 다란 피해를 주었다.

1860년대에는 필록세라(Phylloxera)라는 곤충이 남프랑스의 포도를 습격하여 많은 포도나무를 말라 죽게 했다. 그 후 10년 뒤에는 녹균병(露菌病, Downy Mildew)이 유행해서 포도 재배가 들에게 수천 파운드의 손해를 입혔다.

물론 포도주 생산자나 과학자들은 이러한 자연의 적이 포도를 습격하는 것을 수수방관하지는 않았다. 특히 이 질병을 연구한 식물학자는 피에르 마리 알렉시스 미야르데(Pierre Marie Alexis Millardet, 1838~1902)였다. 1876년에 그는 보르도대학의 교수 로 임명되어 그곳에서 전부터 해오던 연구를 계속했다.[*]

그는 프랑스 내의 포도원의 토지, 기후, 기타 조건에 알맞으 면서도 질병의 공격에 저항할 수 있는 새로운 포도의 품종을 만들어내려고 노력했다. 이번 장의 이야기가 시작되는 것은 1882년부터이지만 그 무렵에 그는 포도를 습격하는 병에 관한 매우 풍부한 지식을 갖고 있었다. 그래서 같은 프랑스 사람인

---

[*] 「식물병리학」, Phytopathology, Vol. Ⅳ. 1914

파스퇴르와 마찬가지로 포도와 질병에 관한 것은 어떠한 우연의 발견이라도 놓치지 않고 끝까지 이용하려는 준비를 하고 있었다.

길가의 포도는 왜 병에 걸리지 않는가?

1882년 어느 날 미야르데는 매독 지방의 포도원 가운데를 가로지르는 길을 걷고 있었다. 이곳의 포도는 노균병이 유행해서 큰 손해를 입고 있었다. 그는 한가롭게 걷고 있는 동안에 다음과 같은 발견을 했다. 길옆에 있는 포도나무는 모두 노균병에 걸리지 않고 힘차게 자라고 있었으나, 길에서 조금이라도 떨어진 곳에서 자라는 포도나무는 모두 노균병에 걸려서 매우 큰 시련을 겪는 중이었다. 길옆의 포도는 왜 병에 걸리지 않는 것인지 그는 이상스럽게 생각했으나 곧 다음과 같은 이유 때문이라는 것을 알게 되었다.

그는 이 지방에서는 훨씬 이전부터 장난꾸러기 아이들이나 포도를 훔치려는 어른들로부터 포도를 지키기 위한 특별한 수단을 마련하고 있었다는 것을 생각해냈다. 그것은 황산구리와 석회를 섞어서 길을 지나가는 사람이 손을 뻗으면 닿을 곳에 나 있는 포도에 뿌리는 것이었다. 〈보르도액(Bordeaux Mixture)〉이라고 불린 이 혼합물은 포도에 나쁜 맛을 주었고, 그것은 씻어내지 않고는 없어지지 않았으며, 보기에도 독살스러운 녹색이어서 마치 포도에 독을 바른 것처럼 보였다. 미야르데는 보르도액을 뿌린 포도는 병에 걸리지 않았으나 뿌리지 않은 것은 병에 걸린다는 것을 알았다.

미야르데는 노균병균이 여름에 많은 포자를 만들어 불어난다

미야르데는 병에 걸린 포도원을 돌아보았다

는 것, 그리고 이 포자는 물에 젖으면 유주자(遊走子, Zoospore)
라고 불리는 극히 작은 홀씨를 많이 방출한다는 것을 알고 있
었다. 유주자는 물속을 얼마 동안 헤엄쳐 다닌 후에 어떠한 물
체에 붙어서 작은 관을 뻗는다. 이것이 젖은 잎의 표면에서 자
라면 그 관이 점점 길어져서 기공을 통해 잎으로 들어간다. 일
단 잎으로 들어가면 노균병균은 굉장한 속도로 퍼진다.

길옆에 나 있는 포도의 잎에 보르도액이 묻어 있는 것을 본
미야르데는 수년 전에 기술한 다음과 같은 실험을 상기했다.

내가 여름철에 포자의 발육을 연구하고 있을 때 이 생식체가 우
물물로 처리되면 절대로 발육되지 않는다는 것. 한편 빗물, 이슬,
증류수 등을 사용하면 곧 유주자를 만들어 낸다는 것을 발견했다.

그는 자기 집의 우물펌프가 구리 관을 사용하고 있다는 것을
생각하고 이 지식과 보르도액(구리를 포함하고 있다)에 관해서 알
고 있는 결과를 결부시켜 보았다. 자기 집의 우물물은 구리 관

을 통과하는 동안 구리가 약간 녹아 있을 가능성이 있다고 그
는 생각했다. 우물물을 분석해 본 결과 정말 그러했다. 따라서
우물물보다 10배나 농도가 묽은 구리염의 액도 포자가 유주자
를 만들어내는 걸 방지할 수 있다는 것이 밝혀졌다.

보로드액이 작물의 병을 예방하다

이렇게 해서 구리를 포함하는 물질은 노균병균의 번식과정을
중단시킨다는 결론을 내려도 좋을 충분한 증거를 얻었으므로,
그는 황산구리와 석회의 혼합물을 실제로 포도원에서 대규모로
실험하여 결정적으로 증명하려 했다. 그러나 이를 위해 포도의
노균병이 다시 유행할 때까지 기다려야 했다. 1885년에 이 병
균이 다시 침입하였으므로 미야르데는 자기 나름의 반격을 개
시했다. 그는 큰 포도원을 두 부분으로 나누고 한쪽에서 자라
고 있는 포도에는 이 혼합물을 뿌렸으나 대조를 위해 다른 쪽
에 대해서는 처리를 하지 않았다.

그 후 조사해 본 결과 보르도액을 뿌린 포도는 거의 노균병
에 걸리지 않았으나 뿌리지 않은 포도는 곧 그 병에 걸렸다.
미야르데와 그의 동료들은 이 병의 원인을 확신하게 되었고,
이윽고 이 혼합물을 보르도에서 대량으로 생산하게 되었다. 이
것을 손쉽게 경제적으로 뿌리는 방법도 곧 고안되어 훌륭한 효
과를 거두었다.

이 병의 예방법이 발견된 덕택에 프랑스의 포도재배는 큰 이
익을 보게 되었다. 이 뉴스는 곧 유럽의 포도재배 지역 전부에
퍼졌다. 보르도액은 세계의 포도를 재배하는 사람들에게 수천
파운드를 절약하게 하는 결과를 가져왔다.

미야데르는 곧 자기가 만든 혼합물이 더 큰 가능성을 갖고 있음을 알아차렸다. 그는 이것이 「유럽이나 미국에서 모든 노력에 대하여 맹위를 떨쳐온 천재」를 제거하는 데 효과가 있다고 말했다.

그러나 이것으로 끝나지는 않았다. 포도의 노균병균과 감자나 토마토의 병을 일으키는 곰팡이가 매우 비슷하다고 하는 사실은 나에게 앞으로 이 병들에 대한 실제적인 치료법을 찾아낼 수 있을 것 같은 희망을 품게 한다.

1890년에 보르도액은 감자의 부패병을 예방하는 데 크게 효과가 있다는 것을 알게 되었다. 이렇게 해서 감자를 구하려고 하는 긴 싸움은, 장난꾸러기 소년들로부터 길가에 나 있는 포도를 도둑맞지 않으려고 취한 방법에 우연히 눈을 돌린 한 교수의 덕택으로 승리로 끝나게 되었다.

후에 이르러 미야르데보다 훨씬 앞서 구리염이 포도에 대한 곰팡이의 공격을 저지하는 데 유용하다는 사실을 발견했었다고 주장하는 몇몇 사람들이 나타났다. 어쩌면 그것은 정말일지도 모른다. 그러나 미야르데가 그것과 관계없이 자신이 만든 혼합물의 효능을 발견했다는 것은 의심할 여지가 없다. 또한 이처럼 매우 귀중한 병해 구제제가 그의 노력으로 세계 도처에서 널리 사용하게 되었다는 사실도 의심할 여지가 없다.

1958년, 어떤 책에 의하면 보르도액은 현재도 아직 광범위하게 사용되고 있다.

에이레의 감자에서 자메이카(Jamaica)의 바나나까지, 서아프리카의 코코아에서 유럽의 포도까지, 브라질의 커피서부터 인도네시아의

차에 이르기까지 세계의 모든 지방에서 지배자가 작물에 즐겨 쓰는
농약이다.*

---

* 「세계의 곡물」, World Crops, 1958. 8

19. 놀라운 우연의 일치

과학사에서 가장 놀라운 우연의 일치 중 하나는, 찰즈 로버트 다윈(Charles Robert Darwin, 1809~1882)과 알프레드 러셀 월러스(Alfred Russel Wallace, 1823~1913)가 독립적으로 동식물의 진화에 관해서 거의 똑같은 생각을 전개하여 1859년에 동시 발표한 것이다. 진화론은 1858년보다 훨씬 전부터 과학자들 사이에서 논의의 대상이었다. 그래서 다른 많은 사람 역시 검토하고 있던 이 문제를 이 두 사람이 어떻게 다루었는지를 비교해보면 재미있을 것이다.

딱정벌레를 잡는 소년

이 두 사람은 각각 받은 교육이나 그들이 겪은 경험으로부터 사물을 생각하는 방식에 이르기까지 매우 비슷했다. 더욱이 어느 쪽이나 똑같은 두 권의 책을 읽은 것으로부터 같은 결론을 유도해낸 것이다. 다윈도 월리스도 어렸을 때 딱정벌레를 잡는 것을 즐겨 해서 이루 셀 수 없을 만큼 많이 모았다. 대부분의 수집가는 한 가지 공통점이 있다—자기가 모으는 것에서 볼 수 있는 매우 작은 차이나 변화에 굉장히 강한 흥미를 느끼는 것이다. 예를 들면 우표수집가는 모은 우표 하나하나를 아주 세밀하게 조사해서, 같은 종류의 다른 우표에 비해 근소한 차이(재단 자국, 투명도, 색조, 색의 농염, 인쇄 효과 등)는 없을까 열심히 찾는다. 젊은 두 딱정벌레 사냥꾼도 역시 그랬다. 딱정벌레를 잡으면 그것을 두루두루 관찰해서, 표본으로써 기록하고 분류하는 데 쓰이는 다른 딱정벌레와 차이점을 찾았다. 월리스 자신도 후에 말한 바와 마찬가지로 한 딱정벌레와 다른 딱정벌레의 차이는, 근소한 것이라도 많은 딱정벌레를 조사하고 난 다음에야 그 차이를 알게 되는 것이다.*

어린 시절의 관찰 습관은 무엇보다도 어른이 되어 과학에 종사할 때 바탕이 된다. 과학에 종사한 다음에도 두 사람 모두 변함없이 극히 작은 차이는 주목하였으나, 이번에는 「세심한 주의와 훈련을 쌓은 과학자의 철학적인 정신을 가지곤」 했다. 그리고 두 사람에게 진화를 생각하게 한 것은 동식물의 동족 사이에 나타난 작은 차이였다.

타향에서의 자연관찰

두 사람 모두 생물학자에게 특히 흥미로운 이상한 생물이 유달리 많이 존재하는 지방에서 많은 세월을 보냈다. 월러스가 쓴 바와 같이 「우리들은 여행 도중에 고독한 시간을 많이 가졌다. (중략) 그것은 우리의 생애에서 가장 감수성이 큰 시기(둘 다 20대 후반이나 30대 초였다)에 자기가 매일 관찰한 현상에 대해 깊이 생각하기 위한 시간이었다.」 찰스 다윈은 1835년 범선 《비글》호(H. M. S. Beagle)로 출발한 탐험대의 생물학자로 임명되었다. 이 탐험대는 오스트레일리아와 남아메리카의 대서양, 태평양 연안에 있는 많은 섬, 특히 태평양에서는 적도 가까이에 남아메리카에서 800㎞ 정도 떨어져 있는 작은 화산도군 (火山島群)인 갈라파고스 군도(Galapagos Islands)를 방문했다. 다윈의 중요한 연구대상은 여러 섬, 특히 산호초의 지질학이었

---

* 「다윈-월러스 축제」, 린네학회; The Darwin-Wallace Celebrations, Linnaean Society, 1908

다. 그는 그에게 주어진 연구를 하는 한편 여러 섬들에 머무는 동안에 여러 가지 생물의 표본을 모았고 또 많은 중요한 관찰을 기록했다.

다윈은 갈라파고스 군도에 사는 거대한 거북에 특히 흥미를 느꼈다. 그는 이것을 선사시대 거북의 직계 자손이라고 생각했다. 이 작은 섬들 사이에는 강한 해류가 흐르고 있어서 서로 격리되고 있으므로 거북이 한 섬에서 다른 섬으로, 또는 남아메리카 대륙에서 이 섬으로 이주한다는 것은 전혀 불가능했을 것으로 추측했기 때문이다. 다윈은 한 섬에 사는 거북이 다른 어떤 섬에 사는 거북과도 여러 가지 점에서 다르다는 것을 관찰했다.

크기뿐만 아니라 다른 특징도 그렇다. 어떤 거북은 다른 섬의 거북에 비해서 한층 둥글며 검고, 요리하면 훨씬 맛있다.

라고 그는 적고 있다.* 그는 다른 생물도 이런 차이를 나타내는 것을 알았다. 예를 들면 「한 섬에서 사냥한 새들은 다른 섬에서 잡은 것과는 달랐다.」

월리스도 다윈과 마찬가지로 생물학자로서 탐험대에 가담했다. 1848년 그는 아마존(Amazon) 지방으로 갔는데 특히 그곳의 야자나무에 흥미를 느꼈다. 그 후 1854년 말레이군도를 탐험했고 많은 생물 가운데 특히 곤충을 채집해서 관찰했다. 그러나 이듬해에는 미래의 진화론에 관한 힌트를 얻게 되어 「새로운 종(種)의 도입」에 관해서 쓴 작은 논문 속에서 그것을 암

---

* C. 다윈 「비글호 항해기」, C. Darwin, Journal of Researches…during the Voyage of H. M. S. Beagle, 1833

시했다.

〈지질학원리〉와 〈인구론〉

두 사람에게 영향을 준 유명한 책이 두 권 있다. 하나는 찰스 라이엘(Sir. Charles Lyell, 1797~1875) 교수의 「지질학 원론(The Principles of Geology)」 3권이었다.

다윈은 이 책을 열심히 공부했다. 실제로 그는 군함 《비글》호에 탈 때 제1권(1830년 출판)을 가져갔고 제2권은 간행되자 곧 보내오게 했다. 귀국한 다음에는 지질학회의 간사가 되어 라이엘과 긴밀히 접촉했다.

월러스 자신의 말을 인용하면 그 역시 이 책에서 「깊은 인상을 받았고」 그것이 많은 사람이 생각하는 것처럼 지구의 나이가 6000년이 아니라 수백만 년이라는 사실을 가르쳐 주었다고 감사하고 있다. 이 수백만 년 사이에 지구 표면 전체가 연속적으로 그러나 눈에 띄지 않을 정도로 매우 천천히 변화해 왔음이 틀림없다. 라이엘의 책은 또한 과거는 현재 일어나고 있는 일로 설명되어야 한다고 강조했다.*

두 사람에게 유달리 강한 인상을 준 또 한 권의 책은 「인구론」**으로서 토머스 로버트 맬서스(Thomas Robert Malthus, 1766~1834)가 1798년에 썼다. 이 책 속에서 그는 다음과 같이 말하고 있다.

생물은 매우 많은 자손을 만들므로 만약 그것이 전부 성숙하고 노년에 이를 때까지 산다면 지구는 곧 꽉 차버리고 말 것이다. 그

---

* 「다윈-월러스 축제」
** An Essay on the Principle of Population

서재에서 『인구론』을 읽는 다윈

러나 인구의 막대한 증가는 적극적인 저지작용에 의해서 방지된다.
그것은 질병, 기근, 전쟁이다. 생활이란 생존을 위한 투쟁이며, 여기
에서는 가장 잘 적응하는 자만이 살아남는다.

1838년 다윈은 《비글》호로 영국에 돌아와 휴식하고 있을 때이 책을 읽었다. 그것은 「오락을 위해서였다」라고 그 자신은 쓰고 있다.* 그는 그때까지 「동식물의 습성에 관해서 오랜 기간에 걸친 연속적인 관찰」을 하고 있었다. 그는 한 섬에 사는 거대한 거북들은 비록 같은 선조로부터 태어난 것이라 하더라도 서로 약간은 다르다는 것을 알았다. 맬서스는 그에게 다음과 같은 실마리를 주었다. 사는 섬의 조건에 알맞은 근소한 변이를 갖고 태어난 거북들은 살아남을 수 있는 가장 적당한 자였다. 그렇기 때문에 현재까지 멸종되지 않고 계속되었을 것이다. 그러나 한편 알맞지 않은 변이를 가진 것은 생존경쟁에서 지고 따라서 멸종되고 마는 것이리라. 윌리스는 1858년보다 몇 년 앞서서 맬서스의 「인구론」을 읽었다. 이 책은 「나의 마음에 깊고 영원히 지워지지 않을 인상을 남겼다」라고 그는 말하고 있다.

다윈의 진화론

우연의 일치는 또 하나 있다. 윌리스나 다윈이나 맬서스의 이론을 진화론에 적용하는 것을 즉석에서 생각해낸 것은 아니었다. 실제로 어느 쪽도 이것을 가능하게 한 「통찰의 섬광」을 얻기까지에는 긴 세월이 필요했다. 다윈은 이렇게 말하고 있다.**

맬서스를 읽었을 때 나는 매우 중요한 한 가지 문제를 그대로 보아 넘겼다. 왜 그 문제와 그에 대한 해답을 그대로 넘겼는지 지금

---

* F. 다윈 편, 「찰스 다윈의 생애와 편지」, F. Darwin, ed, Life and Letters of Charles Darwin, 1887
** F. 다윈 편, 「생애와 편지」

에 와서는 그저 놀랄 뿐이며 나에게는 「콜럼버스(Columbus)와 달
걀」*의 원리로밖에는 설명할 수 없다. 내가 마차에 타고 있을 때
다행하게도 그 해답이 머리에 떠올랐는데, 그때 마차가 어느 지점을
달리고 있었는지를 지금도 분명히 생각해 낼 수 있다.」

드디어 그는 왜 똑같은 선조가 몇 가지 다른 자손을 가질 수
있는지에 관한 문제를 해결했다. 그의 해답은 유리한 변이를
생기게 한 양친은 이 변이를 자손에게 전달하는 경향이 있다는
것이다. 후에 그는 다음과 같은 예를 들었다.

주로 구멍토끼를 먹이로 취하지만 때로는 들 토끼도 먹는 여우나
개가 있다고 하자. (어떤 이유에서) 구멍토끼의 수가 아주 조금씩 줄
어들고, 한편 들 토끼의 수가 약간씩 불어난다고 가정하자. 그러면
여우나 개는 들 토끼를 잡으려고 더욱 노력할 것이다. 몸이 가장
가볍고 다리가 가장 길고 눈이 가장 좋은 여우나 개는 비록 그 차
이가 정말 작다 하더라도, 잘 적응하여 더욱 오래 살고, 먹이가 매
우 적은 해라도 더 오래 살아남는 경향을 보일 것이다. 이들은 또
한 더욱 많은 자손을 키우고 그 자손은 이러한 작은 변이성을 어버
이로부터 물려받는 경향을 보일 것이다. 이 원인들이 1,000세대를
거치는 동안에 뚜렷이 눈에 띌 정도의 결과를 낳고 여우나 개의 형
태는 구멍토끼 대신에 들 토끼를 잡는데 알맞은 방향으로 바꿔 갈
것임을 확신한다. 이것은 그레이하운드(Greyhound)를 도태와 주의
깊은 교배에 의해서 개량할 수 있다는 것과 마찬가지로 명백한 일
이다.**

예컨대 개를 기르는 경우에 사람이 개의 양친을 선택하는 데

---

* 『과학사의 뒷얘기 4』(과학적 발견), 24장 참조
** 「다윈-월러스 축제」에 인용된 다윈의 논문

따라서 여러 가지 변종을 만들어 낼 수 있다는 것을 그는 알고 있었다. 「자연」이 야생동물을 사육한 경우에 자연은 생활 조건에 보다 적합한 특징을 갖는 개체를 양친으로 하여 이것으로 한 쌍을 도태하는 것이라고 그는 추론했다. 이 종의 도태가 한 세대에서 다음 세대로 수천 년 동안 계속되는 사이에 작은 변이가 축적된다. 시간이 흐름에 따라 이 차이는 매우 벌어져서 같은 조상에서 나온 자손들이 여러 가지 다른 동물, 즉 다른 종으로 변화된다.

다윈은 같은 생각을 식물계에도 적용하여 겨우살이와 같은 예를 들어 설명했다. 이 식물은 예를 들어 사과나무 등 다른 식물의 가지에 뿌리를 뻗친다.

겨우살이의 열매는 새가 먹고 씨는 소화되지 않은 채 똥에 섞여 배출되고 이렇게 해서 멀리까지 퍼진다.

몇 개의 겨우살이가 같은 한 가지 위에 붙어서 싹을 내고 뻗어 나가면 이것은 서로 싸우고 있다고 해도 좋다. 겨우살이는 새의 힘으로 씨를 퍼뜨리기 때문에 그의 생존은 새에 의존하고 있다. 비유적으로 말하면 겨우살이는 새가 자신을 먹도록 만듦으로써 다른 겨우살이의 씨 대신 자신의 씨를 퍼뜨리기 위해 서로 경쟁을 한다고 해도 좋다.*

이러한 종의 선택을 그는 「자연도태」라고 불렀다. 이것은 낡은 종이 천천히 변경되어 새로운 종이 만들어지는 것을 가능하게 하는 하나의 과정이다.

---

* C. 다윈, 「종의 기원」, C. Darwin, Origin of Species, 1859

월러스는 열대지방에서 병에 걸렸다

월러스의 진화론

월러스는 맬서스의 책을 읽은 후 이것에 대한 반응이 이어난 것은 다윈의 경우와 똑같이 훨씬 뒤였으며 마찬가지로 갑자기 일어난 일이었다. 그 자신의 말을 빌리면 다음과 같다.

1858년 2월 나는 몰루카(Moluccas) 군도의 테르나테(Ternate)섬에서 매우 심한 열병에 걸려 고생하고 있었다. 어느 날 한기(寒氣) 발작이 일어나서 기온은 80℉(약 27℃)라고 하는데, 모포를 쓰고 침대에 누워 있었다. 그때 그 문제가 나의 머릿속에 떠올라 무엇인가가 나에게 맬서스가 『인구론』 속에서 말한 「적극적 저지작용」을 생각하게 했다. 그 저지작용(전쟁, 질병, 기아 등)은 인간뿐만 아니라 동물에게도 작용할 것이라고 하는 생각이 떠올랐다. 다음에 동물은 급속히 증가하기 때문에 이러한 저지작용은 동물 쪽이 인간의 경우보다 훨씬 효과적일 것으로 생각했다. 이 사실에 관해서 막연히 생각에 잠겨있는 동안 갑자기 나에게 최적자의 생존이라고 하는 아이디어가 번쩍 떠올랐다. 즉 이 저지작용에 의해서 제거되는 개체는 전체적으로 보아 살아남는 것보다도 열등함이 틀림없으리라는 것이다. 오한의 발작이 끝나기까지 두 시간이 걸렸으나 그사이에 나는 이론의 거의 전부를 생각해냈고 그날 밤으로 나의 논문의 초고를 끝냈다.[*]

월러스는 다음과 같은 예를 들었다.

야생동물의 생활은 생존을 위한 투쟁으로써, 여기에서는 항상 가장 약한 자, 몸의 구조가 가장 불완전한 자가 지는 수밖에 없다. (중략) 살아남기 위해 동물은 그의 능력과 체력을 전부 소비하지 않으면 안 된다. 그들의 힘은 운동에 의해서 강하게 되고 또 먹이, 습성, 종족 전체의 경쟁에 의해 조금씩 바뀌기도 한다. 이에 따라 새로운 동물, 보다 힘이 뛰어난 동물이 태어나고 이들은 필연적으로 수를 늘려 보다 열등한 것보다 오래 살아남을 것이다. 충분히 변화하지 않는 개체는 멸종될 것이다.[**]

이 기술과 들 토끼를 언급한 다윈의 인용을 비교해 보라. 그 유사함은 놀랄 만하다.

논문은 동시에 발표되다

다윈은 여행하는 사이에 종(種)의 기원(起源) 문제를 다소나마 해명할 수 있으리라고 생각되는 정보를 많이 모았다. 그 자신의 말에 의하면 집에 돌아와서

1837년까지는 이 문제에 다소라도 관계가 있어 보이는 모든 사실이 참을성 있게 모였다. 이것을 통해서 생각해가면 이 문제에 관

---

* 월러스, 「나의 생애」, A. R. Wallace, My Life, 1905
** 월러스, 「자연도태」, A. R. Wallace, Natural Selection, 1875

해 아마 어떤 결론을 얻을 수 있으리라는 생각이 떠올랐다. 5년간의 연구 후 나는 이 주제에 관해서 명상에 잠겨 짧은 노트를 몇 개 작성했다. 이것을 나는 1844년에 확대해서 당시 나에게 확실하리라 생각되는 여러 가지 결론을 스케치하는 소논문(小論文)으로 삼았다.*

그러나 다윈은 확실하게 보이는 이론을 발표하는 것만으로 만족하지 않고 더욱더 많은 시간을 들여 사실을 정리하고 자신의 서술이 틀림없다는 것을 의심할 여지 없이 증명하려고 애썼다. 1858년 6월이 되어서도 그에게는 아직 해야 할 일이 많이 있었다. 그러나 이번에 그는 동인도의 향료 섬(말루쿠 제도, Spice Island, Moluccas의 별명) 테르나테에서 한 통의 편지를 받았다. 그것은 막역한 친구인 월러스로부터 온 것으로서 이것을 뜯어 봤을 때 그가 얼마나 놀랐고 충격을 받았는지는 충분히 상상할 수 있다. 그 편지에 동봉된 시론(試論)은 다윈 자신이 종의 기원에 관해서 짜낸 결론과 거의 같은 일반적 결론을 내리고 있었다!

다윈은 곧 찰스 라이엘에게 편지를 썼다.**

당신은 내가 다른 사람에게 기선을 빼앗기게 될 것이라고 말씀하셨으나 그 말씀이 정말 무섭게 실현되었습니다. 나는 이보다 더 놀라운 우연의 일치를 본 적이 없습니다.

월러스의 시론은 사실상 그의 것과 똑같았으며 월러스가 쓴 논문의 각 장에 붙인 제목까지도 일치하고 있었다. 다윈은 말했다.「월러스의 시론에는, 내가 1844년에 썼고 후커 교수(Sir. Joseph Dalton Hooker, 1817~1911)가 낭독한 소논문에 들어

---

* C. 다윈, 「종의 기원」
** F. 다윈 편, 「생애와 편지」

있지 않은 내용이 하나도 없다.」 또 월러스가 언급하고 있는 것 중에는 다윈이 어느 미국 교수에게 보낸 또 다른 가장 새로운 해설에 포함되어 있지 않은 내용은 하나도 없었다.

그래서 다윈은 월러스의 시론을 그가 어떻게 처리하면 좋을지 라이엘과 후커 교수에게 조언을 청했다. 특히 그 자신은 그때 아직 자신의 논문을 공표할 생각이 없었기 때문이다. 그는 월러스가 본인 앞으로 시론을 보내온 지금에 이르러 자신의 명예를 손상하지 않으면서 자신의 학설을 발표할 수 있는지 어떤지를 알아보았다.

그나 다른 어떤 사람이 내가 비열한 근성으로 행동했다고 생각한다면 차라리 나 자신의 책을 불태워버리고 싶은 생각입니다. 당신들은 그가 나에게 이것을 보내온 것이 나의 손을 묶어버렸다고 생각하지 않으십니까? 만약 내가 명예를 지닌 채 발표할 수 있는 것이라면, 월러스가 나에게 논문을 보내왔기 때문에 지금 나는 나의 일반적 결론의 개요를 발표할 생각을 하게 되었다고 말할 것입니다.*

라이엘과 후커는 「과학 전체를 위해서」 다윈과 월러스 두 사람의 생각을 담은 공동논문을 린네학회에서 읽기로 하였다. 이 논문의 낭독은 당시 거의 주의를 끌지 못했으나, 그로부터 50년이 지난 1908년이 되어 린네학회 회장은 이것을 「의심할 여지 없이 우리 학회가 설립된 이래 가장 커다란 사건」이었다고 말하였다.**

---

* F. 다윈 편, 「생애와 편지」
** 「다윈-월러스 축제」

서로 칭찬하다

다윈과 월러스는 각각 서로의 업적을 칭찬하였으며 우선권을
주장하며 시간을 헛되이 낭비하는 일은 하지 않았다. 다윈은
월러스 앞에서 다음과 같은 편지를 보냈다.

당신이 저의 책을 대단히 칭찬하셨던 것에 대해서 제가 얼마나 감
동하고 있는지 말씀드리고자 합니다. 대부분의 사람은 당신의 입장에
있다면 얼마간의 원망이나 질투를 느꼈을 것입니다. 이러한 인류의
공통적인 약점이 당신에게는 고상하리만큼 전혀 존재하지 않는 것 같
습니다. 그러나 당신이 당신 자신에 관해서 말씀하신 것은 너무 지나
치게 겸손하십니다. 당신이 만약 저처럼 틈이 있으셨다면 그 일은 제
가 했었던 것과 꼭 마찬가지 정도로 잘하셨을 것입니다. 아니 오히려
저보다도 훨씬 더 잘하셨을 것임이 틀림없습니다.*

월러스도 마찬가지로 성실했다. 그는 자기가 발견한 자연도
태의 법칙의 중요성과 광범위함을 충분히 알고 있었으나 이처
럼 적었다.

여기서 나의 주장은 끝난다. 나는 다윈 씨가 나보다 훨씬 전부터
연구해 왔고, 〈종의 기원(The Origin of Species)〉과 같은 책을 쓸
여지가 나에게 남겨지지 않았다는 사실에 대해서 이제까지 불만을
느끼지 않았으며 지금도 그렇다. 나는 그 후 오랫동안 나 자신의 능
력을 측정해 왔으므로 이 과제는 내가 감당할 수 있는 것이 아님을
너무나 잘 알고 있다. 다윈 씨는 아마 지금 사는 모든 사람 중에서
그가 뜻하고 이루어 놓았던 일에 가장 적합한 사람이다.**

---

* F. 다윈 편, 「생애와 편지」
** 월러스, 「자연도태이론에 대한 공헌」, A. R. Wallace, Contributions
to the Theory of Natural Selection, 1870

20. 인간—원숭이의 후예인가, 천사의 자손인가

앞장에서 말한 대로 1858년 진화에 관한 다윈과 월러스의 공동논문이 발표되었으나 거의 시선을 끌지 못했다. 그러나 다윈이 같은 생각을 자세하게 써서 출판했을 때 그 반향은 전혀 달랐다. 이 책에는 길지만 적절한 제목이 붙어 있었다.

『자연도태, 즉 생존경쟁에 있어 혜택받은 종족이 보존되는 것에 의한 종의 기원에 관해서』(On the Origin of Species by Means of Natural Selection, or the Preservation of Favoured Races in the Struggle for Life).

이 책은 보통 간단히 〈종의 기원〉이라고 불리며 1859년에 초판이 발간되었다. 인쇄한 1,250부가 나오는 날 매진되었다는 사실을 알고 누구보다도 놀란 것은 다윈 자신이었다. 그 후 〈종의 기원〉은 수정 증보해서 몇 판인가 계속 발간되었다. 이 책은 과학계에 다음과 같이 큰 화제를 일으켰다.

정치가와 은행가와 기술자, 시인과 철학자와 천문학자, 신학자와 역사가, 사실상 모든 교양 있는 사람들은 다윈이 논의한 문제에 대해 의견을 표명할 의무가 있다고 느꼈다. (중략) 그의 학설은 곧 다윈주의(Darwinism)라고 불리게 되었다. 이 낱말은 한편에서는 존경, 다른 편에서는 적의와 경멸의 대명사가 되었다.*

---

* 달링튼, 「다윈의 종의 기원에 관하여」, C. D. Darlington, On the Origin of Species by C. Darwin, 1951

다윈설에 대한 반대

이 책이 출판된 1859년까지는 대개의 지식인이 「종의 불변」을 믿고 있었다. 즉 현재의 동식물은 천지창조 때에 만들어진 것과 조금도 다르지 않다는 것이다. 현대인도 육체적으로는 아담과 같다. 오늘날의 원숭이는 신에 의해서 창조되었던 최초의 원숭이와 다를 것이 없다. 다른 생물도 모두 마찬가지라고 그들은 믿었다. 그들은 또 모든 동물의 종이 하나하나 따로 창조되었다는 성서의 기술을 받아들이고 있었다. 「신은 큰 고래를 만들었고, 모든 날개를 가진 새들을 만들었고, (중략) 모든 가축을 만들어 냈다.」 1859년 이전에 몇 사람의 과학자가 이러한 생각에 의문을 던진 것은 사실이었으나 그들의 의견은 일반에게는 거의 받아들여지지 않았다. 실제로 다윈 자신도 젊었을 때는 종의 불변을 믿었다. 이번 장의 이야기는 주로 인간의 기원이라는 문제에 한정하겠다. 당시 한 저술가의 말을 빌리면 많은 사람은 「아담과 이브를 한 쌍의 침팬지(Chimpanzee)로 바꾸어 놓으려고 하였다」 또는 「인간은 원숭이로부터 태어났다」라고 다윈이 주장하고 있다고 믿었다. 그러나 이것은 사실이 아니었다. 왜냐하면 다윈이 가르친 것은 인간과 원숭이가 먼 옛날 공통의 조상을 갖고 있었다고 하는 것이었기 때문이다. 이 공통의 조상에서 태어난 자손 중 어떤 것은 천천히, 그러나 점점 원숭이를 만들어 낼 수 있는 그런 변이를 이어받고 그 변이는 천천히 전혀 다른 생물을 만들어내고 결국은 생물의 최고의 형태, 즉 인간에 도달했다는 것이다.

「원숭이의 자손」 이론을 경멸하는 사람들 외에 다윈에게는 별도의 근거에 의해서 반론을 펴는 강력한 과학적 적대자가 몇

사람 있었다. 그러나 다윈은 또 몇 사람의 매우 강력한 지지자
도 갖고 있었다. 1860년 옥스퍼드(Oxford)에서 영국과학진흥
진흥협회(British Association for the Advancement of Science)
의 회의 중 격렬한 충돌이 일어났으며 이 회의는 유명하게 되
었다. 한쪽에는 다윈 설의 열렬한 지지자로서 과학자인 토머스
헨리 헉슬리 교수(Thomas Henry Huxley, 1825~1895)가 있었
고 그의 상대는 옥스퍼드의 감독 사무엘 윌버포스(Samuel
Wilberforce, 1805~1873)였다. 윌버포스는 이 회의가 있기 몇
달 전부터 다윈의 책을 「천박한 학자티를 풍기는 자의 파렴치
한 지껄임」이라고 맹렬하게 비난하고 있었다.

헉슬리, 윌버포스에 역습

이 회합은 7월의 어느 토요일에 있을 예정이었고 미국인 드
레이퍼 박사(Dr. Draper)가 진화에 관한 한 논문을 읽기로 되어
있었다. 그 전날인 금요일이 되자 감독이 「다윈을 분쇄하기」 위
하여 강연회에 나오리라는 뉴스가 곧 옥스퍼드에 퍼졌다.

그러나 다윈은 훨씬 이전부터 신병으로 고생하고 있었다. 어
떠한 종류의 흥분도 그에게는 해로웠으며 하루에 한두 시간 밖
에는 일할 수 없는 날도 많았다. 그는 이 토요일의 회합에는 참
석할 수 없었으며 그곳에서 무엇인가 이상한 일이 일어나리라
는 것도 전혀 알지 못했다. 그의 친구이며 지지자인 헉슬리도
회합 전날까지는 무슨 말썽이 일어날 것 같다고 전혀 생각지
못하고 옥스퍼드에서 여행을 떠나려고 준비하고 있었다. 그러나
윌버포스 감독이 다윈 정벌의 길에 나섰다는 것을 듣고 헉슬리
는 맞싸우기 위해 여행을 연기하고 옥스퍼드에 머물렀다.*

강연이 시작되기 훨씬 전부터 군중이 구름처럼 모여들어 강
당을 꽉 메웠다. 그 뒤에 일어난 일은 다윈의 아들*이 다음과
같이 기술하고 있다.**

흥분은 대단했다. 토론을 할 수 있도록 준비된 강당은 너무 좁아
청중을 다 수용할 수 없다는 것을 알고 회의장을 박물관을 도서실
로 옮겼다. 그곳에는 챔피언이 등장하기 훨씬 이전부터 질식할 정도
로 사람들이 많이 몰려들었다. 그 수는 700명에서 1,000명 정도로
어림 되었다. 만약 이것이 학기 도중이었거나 일반 대중의 입장이
허가되었더라면, 용감한 감독의 연설을 들으려고 몰려드는 많은 청
중을 수용하는 것은 불가능했을 것이다. 감독은 뒤늦게 와서 꽉 메
운 청중 사이를 헤쳐나가며 연단 위 자기 자리에 앉았다. 사회자를
사이를 두고 한쪽에는 헉슬리가 앉아 있었다.

드레이퍼 박사가 진화에 관한 자신의 논문을 읽은 뒤, 감독
은 지지자들로부터 갈채를 받으면서 일어섰다.*** 유감스럽게도
이 회의에 출석한 사람들 가운데 누구도 그의 발언을 기록하고
있지 않았으므로 거기에서 무엇이 일어났는가에 관해서는 몇
가지 설이 있다. 그러나 감독의 연설 중에는, 일부 사람들이 어
떻게 믿든 간에, 본인은 동물원의 원숭이가 자신의 조상과 관
계가 있다고는 절대 믿지 않는다는 말이 포함되었던 것만은 확
실하다. 다음 그는 헉슬리 쪽을 뒤돌아보고 이렇게 말했다. 「당

---

* L. 헉슬리 편, 「T. H. 헉슬리의 생애와 편지」, L. Huxley, ed., Life
and Letters of Thomas Henry Huxley, 1900
* Sir. George Howard Darwin, 1845-1912
** F. 다윈 편, 「생애와 편지」
*** R. B. 윌버포스 편, 「사무엘 윌버포스의 생애」, R. B. Wilberforce,
ed., Life of Samuel Wilberforce, 1881

신은 원숭이가 친척이라고 하시는 것 같은데 그것은 당신의 할아버지 쪽입니까? 그렇지 않으면 할머니 쪽입니까?」 헉슬리는 이 말을 듣고 꼬투리를 잡아 감독에게 반격을 가할 좋은 기회라고 판단했다. 이에 답하고자 일어나기에 앞서 옆에 앉아 있는 사람에게 「주(主)는 그를 내 손에 넘겨주었네!」라고 속삭이면서 드디어 입을 열었다.

만약 나에게 지능이 낮고, 등을 구부리고 걷고, 사람들이 그 앞을 지나면 이빨을 드러내고 소란을 피우는 가련한 동물의 자손이 되고 싶은가, 아니면 여러분처럼 큰 능력과 높은 지위를 가지고도 그 힘을 겸손한 진리의 탐구자 명예를 더럽히고 압살(壓殺)하기 위해 쓰는 사람의 자손이 되고 싶은가, 어느 쪽을 택하겠느냐고 묻는다면 나는 어떻게 대답할 것인가 주저하게 됩니다.*

청중의 반항

턱웰(W. Tuckwell)은 그의 〈옥스퍼드의 회상(Reminiscences of Oxford)〉 속에서 그 뒤에 일어난 일을 다음과 같이 쓰고 있다.**

헉슬리가 자리에 앉자 흥분은 극도로 달하고 긴장감과 전율이 강당에 넘쳤다. 과학자들은 불안을 느꼈고 정통파는 격분했다. 군중의 환호 속에서 창문가에 앉아 흰 손수건을 공중에 흔들고 있던 부인들의 모습이 잊히지 않는다. 그 가운데 한 사람은 기절해서 밖으로 실어내지 않으면 안 되었다. 몸이 비대한 남자가 일어나서 파란 책을 손으로 들어 올려 탁탁 치면서 연설을 시작했다. 그는 자신은

---

* F. 다윈 편, 「생애와 편지〉
** 턱웰, 「옥스퍼드의 회상」, W. Tuckwell, Reminiscences of Oxford, 1901

자연과학자가 아니고 통계학자이지만, 만약 다윈의 이론이 증명되는 것이라면 증명되지 않는 것은 하나도 없을 것이라고 했다. 그러자 그때 화가 난 군중 한 사람이 이 회합에서 지금 통계학을 논하는 것은 적당하지 않다고 소리쳤고 그 비대한 남자는 시비조로 항의한 다음 퇴장했다.

이제야 의사(議事)가 재개되는가 싶었다. 그러나 그것이 다가 아니었다. 희극은 한 막이 더 있었다. 연단 뒤로부터 목사 티가 나는 신사가 나타나서 칠판을 내달라고 요구했다. 칠판이 나오자 청중들이 쥐죽은 듯 침묵한 가운데 그는 칠판의 양 가장자리에 분필로 두 개의 십자를 그렸다. 그리고 마치 자기가 한 일에 감탄하고 있는 것처럼 그것을 손으로 가리키면서 일어났다. 이어서 그는 다음과 같이 증명을 시작했다. 「이 점(십자 A)을 인간이라 하고 반대편의 점(십자 B)을 원숭이라고 한다면…」 그러나 그는 더 말을 계속하지 못했다.

청중이 일제히 「원숭이」라고 외쳐서 그는 다시 두 말도 할 수 없게 되었기 때문이다. 모였던 사람들은 일의 어처구니없음을 알아차리고 두 번 다시 들을 수 없으리라 생각될 정도의 요란한 웃음을 갑자기 터뜨렸다. 의미 없는 웃음이 언제나 그렇듯이 웃음도 계속해서 터져 나왔다. 그러는 사이에 예의 예술가도 칠판도 조용히 설득되어 퇴장하였으며 우리는 그의 모습을 다시 볼 수 없었다.

감독은 일어나서 자기는 헉슬리 교수의 감정을 상하게 하려는 의도는 없었다고 대답했다. 그는 농담하려고 애썼으며 청중은 따라 웃었다. 그래서 그는 기운을 찾아 「동물원 속에 있는 존경해야 할 원숭이」에 관해서 농담을 계속했다.

그 뒤에 강한 어조나 격렬한 논쟁이 계속되었고 그 가운데 「젊은 사람들은 다윈 편이었고 나이 많은 사람들은 그에게 반대했다. 후커는 열렬한 지지자들을 이끌었으며 벤자민 브로디 경(Sir. Benjamin Brodie)은 불평객들을 이끌었다. 논쟁은 신성한 정찬이 가까워질 때까지 계속되었다.」

디즈레일리의 공격

다윈의 이론에 대한 공격은 종교상의 이유로 여러 해에 걸쳐 계속되었다. 그러나 다윈 자신조차 「왜 이 생각이 사람들의 종교 감정에 충격을 주는 것인지」 그 이유를 잘 알지 못했다. 실제로 그는 유명한 저술가인 찰스 킹즐리(Charles Kingsley, 1819~1875)가 쓴 다음 의견에 찬성했다.

신이 다른 유용한 형태로 발전하는 능력을 갖추는 소수의 원시 형태를 창조하였다고 믿는 것은 신이 자신의 법칙 작용에 의해 생긴 공허를 채우기 위해 새로운 창조행위가 필요했다고 믿는 것과 똑같은 정도로 신에 대한 고상한 관념인 것이다.*

1864년에 영국의 장래 수상이 다위니즘의 공격에 가담했다. 그 사람은 후에 비컨스필드 백작(1st Earl of Beaconsfield)이 된 벤자민 디즈레일리(Beniamin Disraeli, 1804~1881)로서 월버포스 감독이 사회한 한 집회에서 연설했다. 디즈레일리는 뛰어난 정치가였을 뿐만 아니라 그리스도교의 신앙을 강력히 옹호한 사람이었다. 연설에서 그는 과학자도 또 자기와 의견을 달리하는 무리의 그리스도교도 일절 용서하지 않았다. 이어서 그는 역사적인 질문을 하나 던졌다.

---

* 이것은 퀴비에(Georges Cuvier, 1769~1832)의 천변지이설을 가리킨다. 천변지이설은 천지창조 이후 커다란 격변이 몇 번이나 일어나 이 때문에 기존 생물이 멸망하였고 새로운 종이 창조되었다는 설이다.

"원숭이인가? 천사인가? … 나는 천사편을 들겠습니다."
라고 디즈레일리는 말했다

지금 사회 앞에 놓여 있는 의심할 바 없는 가장 놀라운 질문은 과연 무엇이겠습니까? 그것은 「인간은 원숭인가, 그렇지 않으면 천사인가?」라는 물음입니다. 나는 천사의 편을 들겠습니다. 이에 대립하는 견해를 나는 분노와 혐오로써 거부하는 것입니다.*

다윈은 이번 장의 처음에서 말한 바와 같이 인간은 원숭이의 자손이라고는 하지 않았다. 디즈레일리는 틀림없이 천사가 영적인 초자연적 존재로서 지상의 자손을 갖지 않음을 알고 있었을 것이다. 아마도 디즈레일리는 애써 미사여구를 써서 인간의

---

* 버클, 「벤자민 디즈레일리의 생애」, G. E. Buckle. The life of Benjamin Disreli, 1929

몸은 신의 몸에 의해 특별히 창조된 것으로서, 가장 열등한 동물과 아무런 혈연관계도 없다는 확신을 최대한으로* 강조하고 싶었을 것이다.

분명히 디즈레일리는 인간의 몸이 「신 자신의 법칙에 의해서 가장 열등한 형태로부터 점점 발전되었다고 하는 가능성은 성서의 가르침에서 거부된 것은 아니다」라는 것을 인식하지 못하고 있었다.

영국과학진흥협회는 1894년에 다시 옥스퍼드에서 회합 했다.** 그것은 헉슬리가 생애를 마치기 직전으로 그는 권유에 못 이겨 참석했다. 옥스퍼드대학의 명예총장은 회장 연설에서 오늘날 이성이 있는 인간으로서 진화론에 이의를 제기하는 사람은 하나도 없다고 말했다. 헉슬리 교수는 이 회의에 앞서 있었던 회합에서 일어난 그 유명한 그 사건을 회상하면서 이처럼 썼다. 「내가 여기에 앉아 34년 전에 옥스퍼드의 감독이 공공연하게 저주한 그 학설을 이제는 명예총장이 당연하다고 인정하는 말을 듣는 것이 나에게는 정말로 기묘한 느낌이었다.」

로마법왕도 진화론을 인정하다

1950년, 법왕 비오 12세(Pius XII, Eugenio Pacelli, 1876~1958, 재위 1939~1958)는 회장(回章, 모든 가톨릭 사교들에게 보내는 통지)을 내고 진화의 가르침에 대해 다음과 같이 지시했다.

「창세기」에서 창조에 관한 여러 장은 신의 영감을 받은 것이

---

* 두운(頭韻)이나 과장을 써서까지(천사Angel과 원숭이Ape은 두운을 가지고 있다.)
** 하워드, 「영국협회-회고」, O. J. R. Howarth, The British Association -A Retrospect, 1931

지만 전혀 교육을 받지 않은 사람들(성서가 처음 쓰였을 무렵 대부분의 사람은 여기에 해당했다)도 그것이 읽히는 것을 듣는다면 그 뜻을 이해할 수 있도록 쓰였다. 이 장들은 인류가 어떻게 해서 태어났는지 상징적으로 묘사되어 있으며 창조 때에 일어난 일을 엄밀히 과학적으로 설명한 것으로 받아들일 것은 아니다.

그러나 이 회장은 강조하고 있다. 모든 가톨릭교도는 이제까지 이루어진 여러 가지 발견이나 그것을 바탕으로 한 논의에 따라 인간이 그 이전에 존재한 다른 생물로부터 발전되었다는 것이 의심할 여지 없이 충분히 증명되었던 것처럼 이 문제를 취급하는 것은 신중하게 피하지 않으면 안 된다. 이리하여 「교회의 가르침은 진화론의 고찰을 이미 존재한 생물로부터 인간의 발전에 한정하는 한 미해결의 문제」로서 남는다. 그러나 「영혼은 신에 의해 직접 창조되는 것」이다.

21. 마다가스카르의 식인나무

식인나무 이야기

1878년에 카를 리슈(Carle Liche) 박사라고 하는 사람이 유럽의 고국에 편지로 마다가스카르(Madagascar, Malagasy)에서 발견한 기묘한 이야기를 써 보냈다.

마다가스카르는 인도양에 있는 아프리카 동남쪽에서 480㎞ 정도 떨어져 있는 커다란 섬이다. 그가 발견한 것은 다름 아닌 사람을 우선 죽이고 이어 「먹는 나무」였다. 그의 편지는 독일의 카를스루에(Karlsruhe)에서 발행되고 있는 한 과학 잡지에 발표되어 일반 대중 뿐만 아니라 일부 과학자들 사이에도 큰 화제를 불러일으켰다. 거기에서 발췌된 것이 다른 여러 나라의 잡지에도 실렸다.[*]

편지의 내용을 요약해 보면 다음과 같다. 마다가스카르의 한 삼림지대에 므코도스(Mkodos) 족이 살고 있다. 그들은 매우 원시적인 종족으로서, 알몸으로 걸어 다니며 「신성한 나무」를 숭상하는 것 외에는 종교도 가지고 있지 않다. 석회암 언덕을 뚫은 동굴 속에 살고 있으며 가장 몸이 작은 종족의 하나로서 남자라도 키가 142㎝에 이르는 사람은 좀처럼 없다. 편지는 계속해서 이렇게 쓰고 있다.

우리는 깊은 골짜기에서 지름 1,600m정도의 깊은 호수로 나왔다. 그 남쪽에 있는 길은 근접하기 어렵고, 얼핏 보아서 빠져나갈 수 없을 것처럼 삼림의 한 가운데를 가로지르고 있었다. 나의 사환인 헨드

---

[*] 배런 편, 「안타나나리보 연감」, R. Baron, ed, The Antananarivo Annual, 1881

마다가스카르의 식인나무

릭(Hendrik)은 앞장서서 이 길을 따라갔고 나는 꼭 붙어 그 뒤를 따라
갔다. 내 뒤에는 호기심으로 공연히 뒤따르는 므코도스 족의 아이들이
있었다. 갑자기 원주민들이 입을 모아 「테페(Tepe), 테페」라고 소리치
기 시작했다. 헨드릭은 곧 멈춰 서서 「보세요. 저것 봐요」라고 하면서
그 앞에 있는 빈터를 가리켰다. 거기에는 매우 이상한 나무가 있었다.

　그 나무의 둥치는 거대한 파인애플을 닮았고 그 높이는
2.5m였다. 꼭대기 근처에 지름 60㎝의 갓 모양을 한 것이 얹
혀 있었다. 이것의 가장자리로부터 여덟 개의 초록빛을 띤 잎
이 규칙적인 간격을 두고 나 있었다. 잎은 각각 길이가 3.4m
쯤이며 가장 두꺼운 부분은 두께가 60㎝, 폭이 90㎝였고, 기운
없이 축 늘어져 있어서 얼핏 보아서는 살아 있는 것 같지 않았

다. 잎의 맨 아래는 그 끝이 하나로 되어 마치 소의 뿔처럼 뾰족하며 지면에 닿아 있었다. 표면은 가시로 덮여 마치 티즐의 열매(Teazle's Head, 모직물의 털을 세우는 데 쓴다)와 같았다.

둥치의 맨 꼭대기에는 찻잔 모양의 돌기가 있고 그 밑에 큰 판과 같은 접시가 있었다. 찻잔에는 바닥에서부터 배어 나온 투명한 당밀과 같은 단 액체가 담겨 있었으며 이것을 마시면 처음에 취했다가 후에 잠들게 되었다. 털이 나 있는 녹색의 덩굴 수염(길이 3m, 가장 굵은 곳이 지름 12㎝) 여러 개가 커다란 판의 가장자리 밑으로부터 수평으로 나와 있었다. 이것들은 쇠막대처럼 딱딱했다. 이 막대 위에는 여섯 개의 희고 가는 투명한 자루(높이 약 1.5~1.8m)가 찻잔 모양의 돌기와 판 사이에 나 있었다. 이것은 곧바로 위를 향해 뻗쳐 있으며 「껍질이 벗겨졌는데도 꼬리를 세우고 있는 뱀 모양으로」 꿈틀거리고 뒤틀리며 흔들리고 있었다.

이 탐험가가 도착했을 때는 마침 희생을 바치는 의식이 시작되는 때였다. 나무의 마귀를 기쁘게 하려고 높은 목소리로 성가 합창이 시작되었다. 곧 광기 어린 금속성과 한층 높은 합창 가운데 사람들은 희생으로 뽑힌 불쌍한 여인을 창끝으로 몰아 나무가 있는 데까지 쫓았다. 이 여인을 억지로 둥치에 오르게 하고 판 위에 서게 했다. 가는 자루가 꾸불꾸불 움직여서 그녀의 주위를 감는 한편 남자들은 「타익, 타익」(Taik, 마셔라, 마셔라)라고 소리쳤다. 그녀는 찻잔에 괴어 있는 액체를 마셨다. 곧 그녀는 얼굴이 몹시 상기된 모습으로 다리를 후들후들 떨며 일어섰다. 그녀는 뛰어내릴 것처럼 보였으나 그러지 않았다. 아니, 그럴 경황이 없었다! 그때까지 조금도 움직이지 않고 죽은

것 같았던 그 잔인한 식인(食人) 나무가 갑자기 난폭한 생명력
을 되찾을 것이다.

가늘고 흰 가루는 「굶주린 뱀과 같이 난폭하게」 갑자기 그녀
의 머리 위에서 몸을 떨며 목과 팔을 몇 겹으로 감쌌다. 긴 초
록빛 덩굴 수염이 급속도로 차례차례 몸을 쳐들고 그녀의 몸을
감쌌다. 그리고 길고 굵은 잎 하나하나가 천천히 일어나 여자
를 향해서 움직여 드디어 그녀의 몸을 완전히 감싸버리고 말았
다. 나무는 그녀를 받아들인 것이다 희생 헌납은 끝났다.

그 뒤 남자들은 나무의 마귀가 기대한 대로 답례를 하는 것
을 기다렸다. 곧 그 답례가 왔다. 나무의 둥치를 따라 맑은 당
밀과 같은 단맛이 있는 액체가 물방울처럼 떨어져 나왔다. 이
것을 보자 「원주민 무리는 나무의 둥치에 뛰어올라 껴안고 찻
잔이나 나무의 잎이나 손바닥이나 혀로 각각 그 액체를 잔뜩
마셨다. 액체는 그들을 상기시키고 거칠게 만들었다. 곧 뭐라고
말할 수 없이 그로테스크한 난장판이 시작되었다. 헨드릭은 급
히 서둘러 나를 끌고 수풀 속으로 들어가 나를 위험한 수인(數
人)들로부터 나를 숨겨주었다.」 리슈 박사는 이처럼 말했다.

열흘이 지나자 나무는 정상적인 상태로 돌아왔다. 희생자의 모습
은 흔적도 없이 사라졌다. 나무의 꼭대기에 있는 찻잔에는 다시 액
체가 찼다. 그리고 그 여인의 흰 두개골이 나무의 밑동 지면에 뒹
굴고 있었다.

기묘한 나무가 속속 발견되다

이 이상한 나무를 발견했다는 보고는 사실은 큰 허풍이었으
며 단지 때를 맞추어 발표된 덕택에 감쪽같이 많은 사람을 속

일 수 있었다.

19세기 중엽에 이르자 선교사나 여행자 외에 많은 생물 확자들이 이상한 식물이나 동물에 관한 이야기들을 기록했다. 이러한 기묘한 동식물들은 아프리카뿐만 아니라 아마존 지방이나 다른 열대지방의 밀림에서도 발견되었다. 그러니까 마다가스카르(그 무렵에는 아직 충분히 탐험 되지 않았다)에 기묘한 식물이 자라서 안 될 이유는 없는 것 같다.

마다가스카르에서 발견된 몇 가지 이상한 나무에 관한 보고가 실제로 있었으므로 이 섬에 이런 기묘한 나무가 있다고 해도 전혀 의심하지 않았다.

예를 들면 「나그네 나무」라고 불리는 나무가 보고되어 있다. 이 나무는 높은 둥치를 가지며 꼭대기에 바나나 잎과 비슷한 잎이 부채모양으로 퍼져 있어서 우아한 모양의 모자를 만들고 있다. 이 갓의 한복판은 움푹 패어 있어 얕은 접시 모양이고 그 속에는 언제나 맑디맑은 찬물이 고여 있다. 목이 마른 나그네들은 이 나무에 기어올라 괴어 있는 물을 마시고 원기를 회복했다.

이 섬에서 또 하나 유명한 나무는 탕기니아(Tanginia) 나무이다. 이것은 관목 정도의 작고도 멋있는 나무로서 보랏빛을 띤 커다란 핵과(복숭아나 살구같이 속에 커다란 씨를 가지고 있는 열매)가 있다. 이 씨는 심한 독을 가지고 있고 가루로 만들면 씨 하나로 20명을 죽일 수 있을 정도다. 이 독은 원주민들이 마법을 쓴 혐의로 잡힌 사람을 「재판」하는 데 썼다. 재판은 소위 「시련에 의한 재판」으로서 심문이 진행되고 있는 동안에 탕기니아 나무의 씨를 아주 작게 가루로 만든다.

이것을 「탕게아(Tangea)」라고 한다. 피고는 그 한 알을 먹어야 한다. 만약 피고가 그것을 토해내 아무런 해를 입지 않으면 마법을 쓴 혐의는 벗어지고 무죄가 된다. 그러나 탕게아를 먹고 죽으면 그의 유죄는 거의 명백하게 증명된 것으로 한다.

식충식물이 힌트를 주다

사람들이 이 허풍을 의심할 생각을 하지 않은 것은 곤충이나 작은 동물을 잡아 소화하는 식물이 몇 가지 있는 것을 알고 있었기 때문이다. 이 문제에 관한 한 권의 책이 식인나무가 발견되기 불과 3년 전인 1875년에 출판되었고 게다가 유명한 과학자 찰스 다윈이 쓴 것이었다. 이 책은 다른 사람들이 전부터 관찰한 것을 확정했다. 즉 유럽에도 자라고 있는 어떤 식물은 자연의 정상 과정을 바로 역행하여 동물을 먹고 사는 것이다. 이러한 식물은 곤충을 올가미로 잡아 소화하는 것으로서 「식충식물」이라고 불린다. 척추동물도 잡아 소화하는 것은 「식육식물」이라고 불리기도 한다. 다윈이 이러한 식물에 주목하게 된 것은 다음과 같은 우연한 관찰이 실마리가 되었다.

1860년 여름 나는 햇필드(Hatfield) 근처를 어슬렁어슬렁 걷다가 잠깐 쉬고 있었다. 거기에는 두 종류의 끈끈이주걱(Drosera)이 많이 자라고 있었는데 나는 많은 곤충이 이 잎에 잡히는 것을 발견했다.

나는 이 식물 몇 개를 집으로 가지고 돌아와서 곤충을 가까이하니 촉수가 움직이는 것을 보았다. 나는 식물이 무엇인가 특별한 목적을 가지고 곤충을 잡는 것 같다고 생각했다.*

---

* F. 다윈 편, 「생애와 편지」

끈끈이주걱이나 다른 비슷한 식물을 연구하는 일이 다윈의 취미 중 하나가 되었다.

그는 이렇게 기록하고 있다.

나는 끈끈이주걱이 곤충을 잡는 능력을 여러 가지로 관찰하며 즐겼다. 곤충이 잎에 유혹되어 가까이 가면 그것에 닿는 순간 곧 끈적끈적한 분비물 때문에 붙어버리는 것을 보았다. 다음 곤충은 기묘한 물결운동에 의해 잎의 중앙으로 옮겨져 식물의 즙에 15분 정도 잠긴다. 곤충의 몸은 점점 녹아 대부분이 식물에 흡수되어 버린다.*

또 하나의 식충식물 파리지옥(Dionaea)도 그 무렵에 알려졌다. 잎은 두 개의 엽편(葉片)으로 되어 있고 경첩과 같은 모양으로 붙어 있으며 바깥쪽의 가장자리부터는 담 위에 꽂은 철책 같은 긴 가시가 나 있다.

엽편의 표면에는 세 개의 털이 있다. 곤충이 이것에 닿으면 두 개의 엽편이 갑자기 탁하고 닫혀서(마치 경첩이 달린 문이 탁 닫히는 것처럼) 곤충은 잡히고 만다.

끈끈이 오랑캐꽃(Pingucula)은 끈적끈적하고 두꺼운 잎이 지면에 거의 닿을 만큼 다발로 나온다. 작은 곤충이 잎에 닿으면 가장자리로 이것을 말아 질식시킨다.

수초(水草)인 통발(Utricularia)은 잎에 작은 주머니가 많이 달려 있고 주머니의 작은 입구에는 「함정」 장치가 있다. 물에 사는 작은 벌레가 잎의 주머니로 헤엄쳐와서 함정 문을 밀고 주머니에 들어가면 곧 문이 닫힌다. 벌레는 달아날 수 없게 되어 질식해서 죽고 만다.

---

* F. 다윈 편, 「생애와 편지」

이 식물들은 모두 유럽의 여러 나라에서 자라고 있으며 열대 지방에는 훨씬 큰 식충식물이 있다는 것도 알려져 있었다. 예를 들면 벌레잡이통풀속(Nepenthes)의 몇 가지 변종이 있었다. 그중 하나는 꼭대기에 두꺼운 테가 붙은 길이 30㎝나 되는 주머니 모양의 잎을 갖고 있다. 이 주머니는 깔때기처럼 밑으로 내려갈수록 가늘고 그 아래 끝은 바늘처럼 뾰족하게 되어 있다. 주머니 안에는 안쪽으로 굽은 바늘이 줄지어 있으며 작은 새라도 그 속에 빠지면 도망갈 수 없을 정도로 튼튼하다.

새로 발견된 중앙아프리카의 정글 속에서 찾아낸 크고 이상한 식물의 이야기를 바탕으로 살펴보면 공상에서 식충식물의 「덫」을 크게 한다는 것은 쉬운 일이다. 그리고 한 여자를 잡을 정도로 큰 「덫」을 생각해낸다는 것은 상상력이 조금만 더 있으면 충분하다.

찰스 다윈은 이 식인나무의 기술을 읽어 내려갔을 때 처음 부분은 별로 이상하게 생각하지 않았다고 고백했고, 「나는 그 마다가스카르의 풍자(諷刺)를 진지하게 읽기 시작했다」라고 말하고 있다.

희생의 장면이 나오기까지는 그의 머리에 의심이 떠오르지 않았다. 왜냐하면 그는 계속해서 「나는 여인의 이야기가 나오기까지 이것이 거짓말이라는 것을 알아차리지 못했다」*라고 말하고 있기 때문이다.

이 이야기는 20세기에 들어와서도 몇 번이나 되풀이되어 화제가 되었다. 너무 되풀이되었으므로 한 미국의 식물학자는 다음과 같이 비평하기도 했다.

---

* F. 다윈 편, 「생애와 편지」

이 이야기 전체는 큰 화제를 일으키고 싶어 하는 일반인 또는 원예와 관계된 사람이 품은 열병적인 공상에서 태어난 것이다.*

---

* 그린, 「비밀의 아프리카」, L. G. Green, Secret Africa, 1936

이 이야기 전체는 또 하나의 다른 것이고 그것은 훨씬 뒤의

22. 복잡한 생물의 연관

찰스 다윈은 〈종의 기원〉에서 생물은 서로 다른 생물에 의존하면서 살아가고 있으며, 그 예로서 고양이와 붉은 개미자리(Sagina, 보라색개미자리라고도 한다. 붉은 꽃의 클로버)가 「복잡한 관계의 그물에 의해서 서로 얽혀있는」 모습을 들었다. 붉은 개미자리는 「띠 호박벌만이 찾는 꽃으로서 다른 벌은 이 꽃의 꿀샘까지 입이 미치지 않는다」라고 다윈은 말한다. 다른 벌의 혀는 띠 호박벌만큼 길지 않다. 붉은 개미자리의 꽃은 작은 꽃이 모여 이루었고 꿀샘은 작은 꽃의 수술 아랫단이 서로 붙어서 되었다.

벌이 혀를 꿀샘에 박을 때 허리가 끈끈한 암술 주둥이를 비빈다. 벌의 허리에는 보통 앞서 방문했던 다른 밝은 개미자리의 꽃가루가 붙어 있어서 그중 얼마간 암술 주둥이에 붙는 일이 많다. 그렇게 되면 꽃은 꽃가루받이를 하게 되고 그 뒤 수정이 일어나 씨가 성장한다.

이것으로부터 다윈은 다음과 같이 믿게 되었다. 「만약 모든 종류의 띠 호박벌이 전멸하거나 개체 수가 몹시 적어지면 붉은 개미자리도 매우 희소해지거나 모습이 아주 사라져 버리는 일이 있음 직하다.」

띠 호박벌은 사회성의 곤충으로서 가족이 다 함께 살고 있다. 한 가족의 구성원은 모두 같은 여왕벌의 자식이다. 늦봄에 여왕벌은 긴 겨울잠에서 깨어나 둥지를 만들기에 적당한 장소를 찾는다. 보통 숲속이나 울타리 밑을 뒤져서 버려진 들쥐 구멍을 찾아내기도 한다.

올드미스, 고양이, 쥐, 벌의 둥지

어떤 종류의 띠 호박벌 여왕은 그 구멍에 마른 잎이나 마른 풀을 깔고 둥지를 만든다. 다음에 밀랍으로 꿀단지를 만들고 그 속에 꿀을 가득 모은다. 어쨌든 여왕벌은 이 둥지에 있는 단 한 마리의 벌이기 때문에 이것이 끝나면 여왕벌은 더 작은 단지를 만들고 그 속에 알을 낳는다. 알은 부화하면 작은 구더 기가 되고 꿀과 꽃가루를 먹고 자라며 처음으로 껍질을 벗게 된다. 그 밑에는 이미 새로운 껍질이 자라나고 있다. 이윽고 구 더기는 몸 주위에 번데기 집을 짜고 그 속에서 번데기로 변한 다. 마침내 어른 수벌이 되어 번데기 집을 찢고 밖으로 나온다.

여왕벌은 이어 두 번째 알을 낳는다. 그 무렵에는 최초의 알에서 성장한 「일벌」 무리가 쉬지 않고 부지런히 꿀을 모은다. 새로 부화한 구더기는 이것을 먹고 자란다. 그 뒤 세 번째의 알이 산란하고 이것이 둥지가 꽉 찰 때까지 계속 반복된다. 그림의 왼쪽 아래는 띠 호박벌의 지하에 있는 둥지의 단면으로서 꿀단지, 얇은 밀랍으로 만들어진 주머니에 갇힌 구더기, 번데기집 따위가 보인다.

대개의 둥지는 단 벌꿀, 맛있는 벌의 식량, 살쪄서 즙이 많은 구더기 등의 매우 근사한 성찬을 노리는 들쥐에 의해 쉽사리 습격, 약탈당한다. 이렇게 구더기가 무참히 몰살될 것을 생각한 다윈은 이렇게 믿게 되었다. 「한 지역에 있는 띠 호박벌의 수는 그 집을 파괴하는 쥐의 수에 의해서 크게 좌우된다. 쥐의 수는 고양이의 수에 의해서 좌우된다. 따라서 한 지역에 고양이 과의 동물이 많이 존재한다는 사실은 우선 쥐를, 다음은 벌을 중개로 해서 그 지역에 있는 꽃의 수를 결정할 수 있을지도 모른다.」

이후 그의 친구 T. H. 헉슬리 교수는 어떤 강연에서 다음과 같은 「즉흥적으로 생각해낸 일」을 털어놓았다. 그것은 「아마 이 문제의 품위를 다소 떨어뜨리는 일이긴 하지만」―「다시 한 발자국 뒤로 돌아서면 우리도, 올드미스도 또한 띠 호박벌의 간접적인 친구이자 들쥐의 간접적인 적이라고 말할 수 있다. 왜냐하면 올드미스는 들쥐를 잡아먹는 고양이를 기르기 때문에」[*]

빅토리아 시대에 살던 다른 한 사람은 아마 「벌은 면양의 뒤를 따른다」라는 시골에서 잘 알려진 속담을 염두한 것 같으나

---

[*] T. H. 헉슬리, 「다위니아나」, T. H. Huxley, Darwiniana, 1899

이 논의를 다시 한 발자국 더 진전시켰다.* 그는 영국의 병사
에게는 영국의 면양고기가 식사에 듬뿍 제공된다고 가정했다.
지금까지의 논의를 처음부터 끝까지 정리해 보면 다음과 같다
―영국 병사의 건장한 근육은 상등품의 면양의 고기를 먹는 일
에서 생길 수 있다. 붉은 개미자리로 자란 면양으로부터는 띠
호박벌이 많은 곳에서 잘 자란다. 띠 호박벌은 들쥐가 적은 곳
에 많다. 쥐는 고양이가 많이 있는 곳에 적다. 고양이는 올드미
스가 많이 있는 곳에 가장 많다―이렇게 보면 영국 병사의 근
육과 올드미스의 수는 어떤 관련이 있다.

---

* 허브트 스펜스(Herbert Spencer)의 말로 믿어진다.

역자후기

이 책의 저자는 이름난 과학자도 아니고 널리 알려진 교육가도 아니다. 단지 교단에서 강의하면서 40년간 이 방면의 방대한 자료를 모았고 사실에 근거를 둔 과학사(科學史)를 엮어 재미있게 정리한 분이다. 과학에 관한 지식이 부족하거나 과학을 전공하지 않은 사람, 또 현재 과학교육을 받는 사람들에게 과학을 재미있는 읽을거리로 제공해 주면서 과학자들의 연구 뒤에 숨은 피나는 노력과 그 시대적 배경, 그리고 그들의 숭고한 인류애와 불굴의 과학 정신을 일깨워준다는 것은 어려우면서도 가치 있는 일이라 생각한다. 이러한 점에서 과학 지식의 보급이 불모의 지대로 방치된 우리나라에서 이와 같은 재미있고 유익한 과학 계몽서의 번역은 많은 독자의 관심을 끌리라.

『과학사의 뒷얘기 3』(생물학·의학)은 1년 반 가까이 숱한 뒷얘기를 남기고 이제 세상에 첫선을 보이게 되었다. 자그마한 역서 한 권이 햇빛을 보는 데 이토록 수고를 겪고 더욱이 수많은 분의 정성 어린 도움이 필요했음을 생각하면 몸 가눌 수 없을 만큼 부끄러움에 얼굴이 붉어진다.

이 책은 원래 생물학을 전공하는 지인인 이병훈(李炳勳) 씨가 번역에 착수하여 거의 마무리될 무렵 갑자기 연구차 프랑스로 가게 되어 끝내지 못했다. 그래서 완성 단계에서 멈춘 번역 뒷부분을 내가 맡았고 본의 아니게 공역이 되었다. 분명히 할 것은 번역 대부분은 이(李) 교수님께서 하신 것이고 나는 약간만 보완했다.

이 책이 나오기까지 여러 사람의 도움이 있었다. 지저분한 원고를 정리하는 일은 박병연(朴炳娟) 선생님과 손영숙(孫永淑) 양이 맡았으며, 한명수(韓明洙) 주간님은 원고를 철저히 검토하여 오역을 잡아주시고 어색한 표현을 고쳐주셨다. 서울대 사대 김준민(金遵敏) 교수님과 문리대 하두봉(河斗鳳) 교수님은 바쁘신 틈에 원고 일부를 읽어주시고 정정과 자료도 제공해 주셨다. 과학사학자 송상용(宋相庸) 형은 바쁜 중에도 주석과 참고 문헌을 번역, 삽입했으며 교정은 민정유(閔楨裕) 양이 수고했다. 이 분들의 노고에 감사를 드린다.

이 책을 출간하면서 전파과학사의 손영수(孫永壽) 사장과 각별한 지기며 저명한 과학물 집필가인 일본 평범사(平凡社) 편집국의 이찌바 야스오(市場泰男) 선생께서 원서, 참고 자료 등 수집에 적극적으로 협조해주심에 깊이 감사드린다. 끝으로 어려운 출판 사정에도 불구하고 현대물리학신서를 꾸준히 발간하시고 이 책이 준비되는 동안 최대의 성원을 보내주신 손영수(孫永壽) 사장님께 깊은 감사의 말을 전하는 바이다.

박택규(朴澤奎)

과학사의 뒷얘기 3

생물학·의학

초판 1쇄 1974년 04월 05일
개정 1쇄 2019년 06월 24일

지은이 A. 섯클리프 · A. P. D. 섯클리프
옮긴이 이병훈·박택규
펴낸이 손영일
펴낸곳 전파과학사
주소 서울시 서대문구 증가로 18, 204호
등록 1956. 7. 23. 등록 제10-89호
전화 (02)333-8877(8855)
FAX (02)334-8092
홈페이지 www.s-wave.co.kr
E-mail chonpa2@hanmail.net
공식블로그 http://blog.naver.com/siencia

ISBN 978-89-7044-889-3 (03470)

도서목록
현대과학신서

도서목록
BLUE BACKS